清华大学建筑 规划 景观设计教学丛书
Selected Works of Design Studios: Architecture, Urban Planning, Landscape
Tsinghua University

TYPEKING
类型北京

程晓青 单军 张悦 韦诗誉 编著

U0266176

清華大學 出版社
北 京

内 容 简 介

　　"类型北京"是清华大学建筑学专业本科三年级专题设计选题，作为北京系列的第三部，本课程聚焦以北京为代表的中国快速城市化发展进程，坚持开放式教学理念，关注本土文化，倡导学生对现有建筑空间类型与市民生活形态进行反思，发现问题，并基于对建筑原型的分析，改进原有的建筑功能与类型，探索新的建筑类型。本书选取 2006—2013 年部分优秀学生作品，力求为读者呈现"类型北京"的多元思考与探索，并希望传达这样一个基本信念：基于人类需求的建筑设计，既源于生活本身，又可以影响和引领生活。

　　本书适合具有一定建筑学及相关学科专业基础和设计能力的本科高年级学生，在提高设计能力的同时，加强其对城市建设和专业发展的思考，提高独立研究能力。

图书在版编目 (CIP) 数据

类型北京 ／ 程晓青等编著. —— 北京：清华大学出版社，2016
　（清华大学建筑 规划 景观设计教学丛书）
　ISBN 978-7-302-42069-9

Ⅰ. ①类…　Ⅱ. ①程…　Ⅲ. ①建筑设计－作品集－中国－现代　Ⅳ. ①TU206

中国版本图书馆CIP数据核字(2015)第264052号

责任编辑：周莉桦
封面设计：韦诗誉
责任校对：赵丽敏
责任印制：宋　林

出版发行：清华大学出版社
　　　　　网　　　址：http://www.tup.com.cn, http://www.wqbook.com
　　　　　地　　　址：北京清华大学学研大厦A座　　邮　　编：100084
　　　　　社 总 机：010-62770175　　　　　邮　　购：010-62786544
　　　　　投稿与读者服务：010-62776969, c-service@tup.tsinghua.edu.cn
　　　　　质量反馈：010-62772015, zhiliang@tup.tsinghua.edu.cn
印 装 者：北京亿浓世纪彩色印刷有限公司
经　　销：全国新华书店
开　　本：165mm×230mm　　印　　张：15.75　　字　　数：489千字
版　　次：2016年1月第1版　　印　　次：2016年1月第1次印刷
印　　数：1~3000
定　　价：65.00元

产品编号：057308-01

目录

自序：北京系列十年记——从饮食北京、   单军   *1*
电影北京到类型北京
Preface: A Decade of Beijing Series   Shan Jun   7

类型北京：一场教学相长的盛宴   程晓青   *15*

01 互动设计 | CO-DESIGN   阮昊 傅平川   001

02 爱情北京 | BEIJING LOVE   郭璐 蒲洁宇   015

03 寄生胡同 | PARASITISM ALLEY   郭一茫 张婷   029

04 书园 | BOOKGARDEN   钱晓庆 陈晓兰   041

05 绿环 | GREEN RING   陈茸 张健新   051

06 定位 | GPS   王钰 李若星   063

07 灰线 | GREY LINE   韦诗誉 刘隽瑶   075

08 镜像北京 | MIRROR BEIJING   宋壮壮 曹梦醒   091

09 上城下铁 | UNDERGROUND CITY   伍毅敏 李明扬   105

10 水塔 | WATER TOWER   郑旭航 余地   117

11 10 分钟北京 | 10MIN BEIJING   杨心慧 熊哲昆 刘芳铄   129

12 留声 | RESERVED SOUND   吉亚君 李晨星   141

13 衣栈 | SHOPINN   高菁辰 张晗悠   153

14 书盒 | BOOX   杨天宇 郭嘉   169

15 轻轨桥下 | LIGHT RAIL MARKET   程思佳 厉奇宇   191

16 地铁书站 | BOOKSSS   韩冰 邓阳雪   203

17 围城 | WALL BLOCK   党雨田 谢殷睿   215

附录：类型北京作品名单   227

致谢   231

自序：北京系列十年记

——从饮食北京、电影北京到类型北京

北京系列，作为清华大学三年级建筑专题设计选题之一，到这本《类型北京》的出版，已经持续了十年。早在 2003 年清华建筑设计教学"专题设计"改革开始，北京系列就是最初的引领者和见证者，从"饮食北京"（2003—2004），到"电影北京"（2004—2005），再到"类型北京"（2006—2013），这一系列始终遵循一个共同的理念和思想主题而不断发展，因而也被学生们称为"北京系列"三部曲。

在文学、艺术等领域都有所谓三部曲的经典之作。仅以电影为例，耳熟能详的就有彼得·杰克逊的"魔戒三部曲"、意大利大导演瑟吉欧·莱昂内著名的"西部往事""革命往事"和"美国往事"等"美国三部曲"，以及史上最伟大的电影系列——弗朗西斯·福特·科波拉导演的"教父三部曲"等。

其实，是否三部曲并不重要，重要的是作为一个系列，北京系列设计教学所呈现和一直秉承的思想和精神内核。十年后回顾，北京系列所坚守的这些思想和理念历久弥新，并且呈现非常清晰的脉络。

饮食北京

"饮食北京"强调从日常生活的视角去研究建筑与城市。在课题组 2004 年出版的《饮食北京》一书中写道：

"正由于饮食文化在中国文化中的特殊地位，特别是饮食的空间性—地域多样性、时间性—随时代而变化演进，以及大量存在于中国城市中的饮食建筑类型和饮食行为，使得饮食文化成为解读一个城市——特别是中国城市的文化和物质景观、并探讨中国传统文化与当代中国现实与未来发展关系的一个重要的'日常生活'视角。

我们希望，通过'饮食北京'的课程，启发学生通过大量实地调研和分析，对城市饮食空间进行一次独立的思考、提问和解答练习。饮食空间作为'非标志性的建筑类型'，既由于其大量性和大众性而构成当代北京城市活力的一个方面，同时也凸显着高速发展中的'北京故事'后隐藏的种种问题、矛盾与冲突。因此，我们鼓励学生进行问题提出和分析的过程，而非最终的解答。这一过程本身也是对北京城市生活的一次有趣的体验。

我们也希望由此也引起中国建筑界和更多的人关注北京的城市日常生活空间，关注'非精英的'大众生存状态。"

在"饮食北京"的设计教学中，我们更多地建议学生从城市的日常生活视角去感受和分析那些大量存在的普通建筑，以及其对北京这座城市的巨大影响；同时，也对当下媒介更多地关注那些所谓的地标性建筑的现象，做有益的批判性反思，有利于学生建立对城市与建筑的更加完整的认知。

电影北京

"电影北京"则以电影为视角，侧重于与其他艺术形式相互参照，以获得对建筑与城市认知的启发。2007 年，课题组应邀为《新建筑》所写的"向电影学习"一文，很好地阐释了我们设计教学选题的设想：

"电影记录城市，同时又在书写城市。很有可能我们与陌生城市的第一次谋面就是通过电影，而之后当我们真正走进这个城市的时候，潜意识中似乎不是去'初识'，而是去'回忆'伍迪·艾伦的纽约故事，去'追溯'费里尼的罗马风情……电影作为一种大众传媒方式，已经融为城市体验的一部分。

电影作为一门艺术，已形成一套独特的、较为完整的体系，借鉴电影艺术中的构思方式和创作手法，也是教学的一个初衷。与绘画、雕塑等传统艺术相比，电影有着更为多元的理解方式。如电影的结构，既是对情节的组织，同时更是一种形式逻辑的构成，为建筑空间的组织安排提供了多元的创意；在叙事的手法上，电影对空间和时间多样的组合方式，对从体验的角度理解建筑空间塑造有所启发；而电影对镜头的运用，如对细节、片段的放大等手法，与建筑空间对于'细部就是上帝'的理解不谋而合……可以说，教学的全过程都贯穿着对电影的学习。"

电影作为一种视觉优先的艺术形式，本身的艺术性来源之一，也是人类的生活本身。"电影北京"通过向电影学习，鼓励学生发掘电影艺术视觉表现力背后的生活本源，借此，通过对当今城市中一些过于注重形式自身表现的建筑的反思，来重新阅读北京这样一座历史悠久的城市，其城市发展与建筑营造自身的叙事性和逻辑性，并从与电影艺术相互参照中，激发对建筑创造性的本源认知。

在电影北京整个设计教学的组织上，我们将"电影北京 1"和"电影北京 2"两个阶段的专题设计，分别以"从北京出发：北京空间中的电影"和"从电影出发：电影空间中的北京"两个选题，从建筑的社会性和建筑的艺术性这两个角度去解读和设计建筑与城市。

类型北京

与前两个设计选题相较，"类型北京"则具有更为综合的意义。正如在 2013 年类型北京课题组的教学笔记中所说的：

"在飞机没有被制造出来之前，是不会有机场航空港这样的建筑类型的，正如没有佛教、基督教和伊斯兰教，就不会产生寺庙、教堂和清真寺一样……所以，建筑类型的多元化，推动了建筑与城市的发展，其根源则在于人类文明和科技的进步，以及精神和世俗生活的越来越多样化。这一浅显的道理，恰恰说明了建筑设计的基础，是人类的生活和文化本身。

城市的发展，可以清晰地看出建筑类型的多样化趋势。从北京建城 3000 多年和建都 800 多年的历史看，在元明清三朝，甚至到民国和新中国成立初期，城市中的建筑类型都相对很稀少。城市公共建筑类型的大量出现和发展，则是改革开放三十余年的成果。从最早的如长城饭店等涉外酒店甚至不允许一般市民进入，到现在人们可以整天泡在三联书店的书吧里品茶阅读，建筑与城市生活同步发展。现代都市生活的多元化，与建筑类型的极大丰富化，共同组成了当代北京城市景观的绚丽多彩。

类型北京的课程设计，就是针对这一基本的现实图景，一方面，通过对城市中已有的和新生的建筑类型的分析，来阐释随着人类文明的进步、城市生活的变化所引发的建筑类型的演变与发展；另一方面，去探索新的或未来可能出现的建筑类型，以及与其相伴生的可能的形式原型与空间模式，反过来对城市形态和城市生活的激发。"

类型北京，既倡导学生对现有建筑类型与市民生活形态进行分析，发现问题，并尝试通过功能的重组和叠加，以改进原有的建筑类型；也鼓励学生通过原型分析，探索建筑类型的自主性，以及对未来城市生活的激发。而在荣格（Carl.G.Jung）的原型（archetype）和陆吉尔（M.A.Laugier）的原型（prototype）之间，我们更倾向于后者，因为 prototype 具有不完美的含义，因而是"需要"并"可以"不断发展的，这也正是类型北京所强调的建筑与城市可持续演变的理念。

因此，在类型北京的命题和教学中，我们希望传达这样一个基本信念：基于人类需求的建筑设计，既源于生活本身，又可以影响和引领生活。

北京系列：核心思想和价值观

饮食北京、电影北京和类型北京，虽然题目的侧重不同，但作为一个教学系列，却一直秉承其基本的思想内核与建筑理念：

• 设计源于生活

无论是从人类基本的饮食需求和文化出发，还是电影艺术背后所体现的与社会和个人生活的息息相关，抑或是基于城市生活的类型多样化，北京系列都将"设计源于生活"作为其首要的精神主旨，倡导人文关怀的设计观；而从设计史的起源发展看，设计作为人类有意识和有目的的创造性活动，其所有创意的基石就是生活本身。反过来，正是由于设计源于生活，它也可以影响和引领生活。

• 小视角而非宏大叙事

设计源于生活理念的更进一步，就是关注日常生活本身的小视角。如同经济学家舒马赫（Schumacher E.F.）《小的是美好的》（*Small Is Beautiful*）书名那样，当代诸多学科的发展，尤其是人文社会学科，越来越提倡一种"小"的研究视角，而非"大"的体系建构和宏大叙事（grand narrative），如当代史学强调小写的历史，而非大写的历史。"小"代表多样性，其自下而上的意义充满不确定性的创造潜力。就建筑学而言，"小"还有其现实的价值：在如今媒体普遍集中关注所谓城市地标的大建筑和大事件时，北京系列强调日常生活和小视角，对年轻学生更全面地理解建筑与城市，具有尤其重要的意义。

• 城市语境下的建筑观

姑且不论以往的世界建筑和城市发展历史，仅就当今中国所面临的史无前例的大规模快速城市化而言，城市就展现了其尤为重要的价值。作为中国的首都和特大型城市，北京的意义更是如此。正如北京系列之初我们所说的："北京对世界而言是独一无二的；北京对我们而言也是独一无二的；北京正面临着史无前例的机遇和挑战。"北京系列，跨越十年的三次选题，唯一不变的是"北京"本身，这本身就表达了课题组的一个主旨和共识：作为城市的北京，既是课程设计的语境（con-text），也是其要研究的对象和文本（text）本身。在北京面临机遇和各种矛盾冲突并存的当今，建筑如何在表达自身的同时，对城市产生积极的贡献，是我们尤为关注的命题。

北京系列：教学理念和方法论

作为一个研究型设计课程的实践与改革，北京系列课题组尤其注重自身教学理念的凝练，并引导学生注重设计与研究方法的学习。具体可归纳为以下几组关键词：

• 开放性与多样性

无论是饮食北京，还是电影北京和类型北京，其实都刻意地给学生提供了一个非常宽泛的选题域，我们希望通过这样一个开放性的命题，能够给学生的具体设计选题创造一种多样性的可能。正如面对一个富于潜在活力的城市街区，我们更需要去激活它，让它自己释放潜能一样，我们认为，教育的根本理念在于引导和激发而非灌输。尽管这样的开放式选题，给了教师和学生同样巨大的挑战，并在教学过程中都投入超常的精力。但从教学效果看，这样加大难度是有价值的。学生们所激发出的创造力，给北京系列增添了丰富的多样性和意料不到的可能性与活力。

• 问题优先与设计的过程性

一个好的设计，始于提出一个好的问题。北京系列倡导问题优先的方法，引导学生在 what、why、how 这样的一系列提问中寻找设计的起点。同时，与传统设计教学偏重设计结果相较，北京系列更注重设计的过程性，鼓励学生记录全设计过程中的思想轨迹。通过增加教师课余讨论（office time）、阶段评图（pin-up）、小组讨论（panel discussion），以及学习各种图解（diagram）的运用，用严谨的逻辑性方法替代习惯性的主观臆断，用多解替代唯一解，用"可能"替代"应该"。

• 观察与客观分析

要提出一个好的问题，就需要动态地观察生活、观察社会、观察城市，不仅要"观"而且要"察"，通过问卷、访谈等社会调研方法的学习及相关知识的补充，不断提升自身的"洞察力"；而以北京为题，给了在北京学习的学生们一个深入考察城市的机会和可能性。同时，对观察的结果要学习相关的分析研究方法，以尽力保持一种如罗兰·巴特（Barthes R.）所说的"中性阅读"状态，在面对城市和建筑问题时，形成冷静客观和独立的价值判断。

• 现实批判与乌托邦

北京系列教学，一方面倡导学生发现城市化进程中的种种现实问题，并提出独立的反思与批判；另一方面，也鼓励学生基于对历史和当代的剖析，发现规律，并对未来做出大胆的前瞻性思考。正如路易斯·芒福德指出的理想城市模式在城市发展史上曾起到重要作用一样，乌托邦往往体现了人类丰富的想象力和理论先行的洞察力，是人类科技和人文进步的重要推动力。因此，作为相辅相成的两个方面，乌托邦式的未来设想与现实批判都是北京系列所积极倡导的。

• 多学科交融与综合性

北京系列由于以北京的城市生活与文化为视角，并注重调研观察等方法，因而鼓励学生广泛地涉及社会学、文化学、政治经济学、心理学等其他学科并尝试进行跨学科的研究。通过多学科交融，可以认识到建筑学，尤其是建筑设计自身的复杂性和局限性，从而更深刻地发掘隐藏在建筑与城市背后的社会经济和文化问题，并提升自身综合解决问题的能力。

结语

北京系列，是清华大学建筑学专题设计改革十年的引领者和见证者。在清华大学建筑学以"2+2+2"三个逐步提升的设计主干课程平台为基础的教学体系中，三年级的课程设计是一个承前启后的重要节点，十年前以北京系列等为代表的"专题设计改革"，以及十年后的今天，清华建筑教育所进行的实践建筑师参与教学的"开放式设计改革"，都是在这个平台率先展开的。北京系列的专题设计，也是清华建筑教育理念不断创新的整体教学体系改革下的阶段性成果。

北京系列设计教学的十年间，共有清华大学建筑学院不同届次的400位学生，以及包括著者在内的十余位教师和助教参与。此外，还有来自清华大学建筑学院，以及清华大学社科学院、人文学院、新闻与传播学院和北京电影学院等校内外知名教授学者，特别是来自国内建筑设计行业的著名建筑师们，多次参与教学评图和研讨。可以说，正是在上述所有人的共同参与下，北京系列的十年才取得了如此丰硕的成果。

还记得十年前北京系列之初，尤其是《饮食北京》出版时，课题组饱含热情。十年后的今天，随着我们与学生们共同探索北京系列课题的逐步深入，当初的激情，已多转化和沉淀为更为理性的对城市与建筑的反思，唯其不变的是我们对北京这座伟大的城市，以及对建筑学恒久的热爱。

所有参加过北京系列的学生们，如今已是遍布世界各地，当他们在各自的学术和职业道路上创造成就时，希望北京系列曾经带来的思想激发和启迪，能对他们今天的发展有所裨益。我们也衷心地希望，《类型北京》的出版，不是北京系列的结束，而是一个新的开始。

单军

2014 年 10 月于清华园

Preface: A Decade of Beijing Series

From Foodscape Beijing, Film Beijing to Typeking ·

Beijing series, as one of the topics in special design subjects for junior architecture students of Tsinghua University has been operated for ten years till the publication of "Typeking". Early in 2003, Tsinghua started the teaching reform of architectural design "special design" and Beijing series is the initial pioneer and witness. From the "Foodscape Beijing" (2003—2004), the "Film Beijing" (2004—2005) to the "Typeking" (2006—2013), this series has been continuously developing under the common philosophy and ideological themes and thus is called the "Beijing series" trilogy by students.

Literature, art and other fields all have classic trilogies. Take film as an example, there is Peter Jackson's "Lord of the Rings", "Once Upon a Time in the West", "Once Upon a Time in the Revolution" and "Once Upon a Time in America" directed by Italian director Sergio Leone and the greatest movie series — "The Godfather" trilogy directed by Francis Ford Coppola.

In fact, whether it is a trilogy is not important. The key is ideological and spiritual core that Beijing series teaching has been adhering to. Looking back the ten years, Beijing series are durable and fresh in ideas and concepts it has been adhering to and has presented a very clear context.

Foodscape Beijing

"Foodscape Beijing" emphasizes to study architecture and the city from the perspective of daily life. As the "Foodscape Beijing" written by our research group and published in 2004 wrote:

"The special status of food culture in Chinese culture, especially food's spatiality – geographical diversity, time – changing with the times, as well as plenty of building types and eating behaviors, makes food culture an important window of 'daily life' to understand a city — especially a city's urban culture and physical landscape, and to explore the relationship between Chinese traditional culture and contemporary Chinese reality & the future development.

We hope to, through the course of 'Foodscape Beijing', inspire students to think, raise questions and find answers about urban food space independently by field researches and analysis. Food space, as a 'non-iconic building type' constitutes one aspect of the urban vitality of Beijing due to the large quantity and popularity; at the same time, it also highlights the hidden problems, contradictions and conflicts behind the 'Beijing Story' in rapid development. Therefore, we encourage students to raise and analyze problems instead of focusing on the final result. This process itself is also an interesting experience of urban life.

We also hope that this can draw more attention of the architectural circle and other people on Beijing's urban daily living space and the living status of 'non-elites'".

In the teaching design of "Foodscape Beijing", we recommend students to feel and analyze ordinary buildings as well as the buildings' enormous impacts on Beijing from the perspective of urban daily life; at the same time, we recommend students to do critical reflection on the so-called landmark which the media pay more attention to currently, to help students build a more complete understanding on the city and buildings.

Film Beijing

"Film Beijing" depicts from the perspective of film, focusing on cross-referencing with other art forms to gain inspiration of architecture and the city. In 2007, our research group was invited to write the "Learning from film" for "New Architecture" in which we well illustrated the conception of our teaching topics:

"Films record the city and write for the city. Probably we first meet a strange city through the film, and then, when we really step into this city, we subconsciously feel that we don't seem to 'firstly acquaint' but to 'recall' Woody Allen's New York stories, 'retrospect' Fellini's Roman style... The film, as a way of mass media, has been incorporated as part of the urban experience.

Film, as an art, has formed a unique and relatively complete system. Drawing on the conception ways and writing techniques of film art is also a purpose of our teaching. Compared with painting, sculpture and other traditional arts, film has more diverse ways of understanding. For example, the structure of films is not only the organization of plots, but also a part of formal logic, which provides diverse ideas for the organization of architectural space; as for the narrative technique, the diverse combination of spaces and time can inspire understanding of architectural space organization from the experience perspective; the use of lens, such as amplifying the details and fragments, coincides with the concept of 'The detail is God' of architecture space...Learning from film is throughout the whole teaching process."

One of the artistic sources of film, as a visual art form, is human life itself. The "Film Beijing" encourages students to explore the life origin behind the film's artistic visual expression through learning from the film. Then, by reflecting on some architecture which put too much emphasis on the form's self manifestation, we try to re-read time-honored Beijing and the narrative and logicality of urban development and the self manifestation of architecture, and stimulate creative source cognition of architecture from the cross-reference between architecture and film art.

In the whole teaching design of Film Beijing, we selected the topic of "Starting from Beijing: films in the Beijing space" for "Film Beijing 1" and the topic of "Starting from the film: Beijing in the film space" for "Film Beijing 2" as two-stage special design subjects and interpret and design architecture and the city from both the perspective of architecture's sociality and architectural artistry.

Typeking

Compared with the first two design topics, "Typeking" has much more comprehensive significance. As the 2013 Typeking research group said in teaching notes:

"Before the creation of the plane, there are not building types like airports and air harbors, just as no Buddhism, Christianity and Islam, and no temples, churches and mosques... Therefore, the diversity of building types has promoted the development of architecture and the city, the root of which lies in the progress of human civilization and technologies as well as more diverse spiritual and secular life. This simple truth precisely showcases that the basis of architectural design is human life and culture itself.

The diversification trend of building types can be seen clearly in urban development. In the 3,000 years as a city and 800 years as the capital, Beijing's building types are relatively scarce in the Yuan, Ming and Qing dynasties, the Republic of China and even to the early days of the People's Republic of China. Thirty years of reform and opening up bring large numbers of types of urban public architectures to Beijing. The earliest foreign hotels such as the Great Wall Hotel even didn't allow the general public to enter, and now, people can stay all day long the Joint Publishing bookstore to read and taste tea, which shows that architectures develop simultaneously with urban life. The diversity of modern urban life and great enriched building types jointly compose contemporary the colorful urban landscape in Beijing.

The course design for Typeking, on the one hand, explains the evolution and development of the building type along with the progress of human civilization and changes in city life through the analysis of the city's existing and new building types; on the other hand, explores new building types that are new or may appear in the future, and the possible accompanying prototype and spatial patterns, which in turn can stimulate urban forms and urban life."

Typeking not only advocates students to analyze the existing building types and citizens' life styles, identify problems and try to restructure and overlay functions to improve the existing building types; but also encourages students to analyze the prototype, explore the independence of building types as well as inspire the future of urban life. We prefer the prototype of Lu Gill (Laugier M. A.) to the archetype of Jung (Carl. G. Jung). Because the prototype is imperfect and it is "needed" and "capable of" continuous development, which is highlighted concept of sustainable evolution of the architecture and city in Beijing.

Therefore, in the proposition and teaching in Typeking, we hope to convey a basic belief: the architectural design based on human needs comes from life itself and influence and lead the life.

Beijing series: Core Ideas and Values

Foodscape Beijing, Film Beijing and Typeking, although focusing on different topics, have been adhering to the basic idea kernel and architectural concept as a teaching series:

— Designs Come from Life

Whether considering human basic food needs and culture, the close relation between social and personal life behind the film art, or the type diversity of urban life, Beijing series always treats "Designs come from life." as its spiritual core and advocates the design concept of humanistic care; From the perspective of the development and origin of the history of design, the cornerstone of all the ideas of design, as a conscious and purposeful human creative activity, is life itself. In turn, because the design comes from life, design can influence and lead the life.

— Small Perspective instead of Grand Narrative

The design concept comes from deeper philosophy of life and is concerned about the daily life with small perspective. Just as the book "Small Is Beautiful" written by economist (Schumacher. E. F.), many contemporary subjects, especially the humanities and social studies, are increasingly promoting the "small" research perspective, rather than the construction of "large" systems and grand narrative. For example, contemporary historians emphasize small-sized history, rather than grand history. "Small" represents diversity and its bottom-up sense of uncertainty is full of creative potentials. For architecture, the "small" has its real value: while the media generally focuses on the so-called big landmark architecture and large events today, Beijing series emphasizes everyday life and small perspective, which is of particular significance in helping young students fully understood the architecture and the city.

— Architectural View in Urban Context

Regardless of the history of world architecture and urban development, China is currently facing an unprecedented scale of rapid urbanization, and the city is demonstrating the particularly important value. As the capital and a megalopolis in China, the significance of Beijing is even more so. As we said at the beginning of Beijing series: "Beijing is unique for the world; Beijing is unique for us; Beijing is facing unprecedented opportunities and challenges…" Beijing series spans a decade with the constant subject of "Beijing" itself, which in itself is an expression of the research group's focus and consensus: the city of Beijing is both the context of curriculum design, but also the research object and text itself. Today, when Beijing faces opportunities and various conflicts, we are particularly concerned about how architecture expresses itself and makes positive contributions to the city.

Beijing Series: Teaching Philosophy and Methodology

As the practitioner and researcher of an innovative design program, the Beijing Series research group members particularly value improvement of teaching philosophies. In addition, they often guide students to focus on the learning of design and research methods. The following sets of keywords can be used to summarize:

— Openness and diversity

Foodscape Beijing, Films Beijing and Typeking are all deliberately designed to provide students with a wide range of propositions. By offering an open proposition, we hope to create diverse possibilities for the students' selection of propositions. When facing an urban block full of potential energies, we need to activate it and exploit its potentials. Education is the same case. The fundamental idea of education is to guide and inspire rather than to infuse. The open propositions bring about a huge challenge for the teachers and the students. The teachers put extraordinary effort in the teaching process. But it is significant to increase the difficulty based on the teaching effect. The creativity displayed by the students enriched Beijing Series with diversity, unexpected possibilities and energies.

— Order and design of questions

A good design starts with a good question. Beijing Series advocate the "question-first" approach, which guides students to find the starting point of a design by asking questions introduced by what, why, and how. The result of design is the focus of traditional design teaching. Beijing Series focus on the design process and encourages students to record the thinking in the design process. With the increase of the teachers' "office time" "pin-up" and "panel discussion" in spare time, and the application of various diagrams, habitual subjections have been replaced by rigorous logic methods; unique solution has been replaced by multiple ones; and "should" has been replaced by "may."

— Observation and objective analysis

To raise a good question, we need to observe the life, the society, and the city. Both "observation" and "insight" are needed. "Insight" can be improved by the study of questionnaires, interviews and other survey methods, as well as the acquisition of relevant knowledge. The theme of Beijing offers the students studying in Beijing an opportunity and possibility to investigate the city in an in-depth manner. Meanwhile, for the results of observation, relevant analysis and research methods should be learned, to achieve the "neutral reading" state as defined by Roland Barthes. In face of urban and architectural issues, we should have calm, objective and independent value judgments.

— Practical criticism and utopia

On one hand, Beijing Series teaching encourages students to find the various practical problems in the process of urbanization, and to have independent reflections and criticism; on the other hand, students are encouraged to find the law based on the analysis of history and contemporary era, and to have bold, forward-looking reflections. Lewis Mumford argued that the ideal city model played an important role in the history of urban development. Utopia, which shows the rich human imagination and theory-first insight, is an important driving force of human technology and humanistic progress. Therefore, utopian vision for the future and realistic criticism, which are mutually complementary, are both what Beijing Series actively advocate.

— A multidisciplinary approach and a comprehensive strategy

From the perspective of Beijing's urban life and culture, Beijing Series stress research, observation and other methods. Thus, they encourage students to dabble in sociology, culturology, political economy, psychology and other disciplines and to make interdisciplinary researches. Upon multidisciplinary reflections, the students can recognize the complexity and limitations of architecture, especially the architectural design, thereby deeply exploring the socio-economic and cultural problems behind the buildings and cities. They can also improve their ability to solve problems in a comprehensive manner.

Conclusion

Beijing Series are the usher and witness of the tens years of architectural design project reform of Tsinghua University. In Tsinghua University's architectural teaching system based on the "2+2+2" progressive main course platform, juniors' curriculum design is an important turning point. A decade ago, "special design reform" was represented by Beijing Series and others. At present, the "open design reforms" of Tsinghua University's architecture education with the involvement of practice architects are all started on this platform. The Beijing Series thematic designs are also the initial results of the overall teaching system reform, which is guided by the innovative Tsinghua philosophy of architectural education.

A total of 400 students of different grades of Tsinghua University School of Architecture, as well as more than 10 teachers and teaching assistants, including the editor, were involved in the ten years of Beijing Series design teaching. In addition, well-known professors and scholars of Tsinghua University School of Architecture, School of Social Sciences, School of Humanities, School of Journalism and Communication, Beijing Film Academy, and other universities, particularly the famous architects in the domestic architectural design industry, repeatedly participated in the teaching assessment and discussion. It can be said that the great achievements that Beijing Series made in the 10 years are a result of the joint participation of all the above people.

When Beijing Series were introduced 10 years, especially when *Foodscape Beijing* was published, the research group members had lots of enthusiasm. In the 10 yeas, the teachers and students jointly undertook the Beijing Series project. Their initial enthusiasm has been converted into rational reflections on the city and the buildings. What remains unchanged is our enduring love for the great city of Beijing and architecture.

The students who participated in Beijing Series have now been all over the world, making achievements on their academic and career paths. We hope that the inspiration and enlightenment brought about by Beijing Series can be beneficial to their current development. We also hope that the publication of Typeking is not the end of Beijing Series, but a new beginning.

Shan Jun

October 2014 in Tsinghua Univ.

类型北京：一场教学相长的盛宴

2005 年，我受单军教授的邀请加盟"类型北京"教学，一路走来已经十年了。对于人生来说，十年并不是一段短暂的光阴，不知不觉中我已步入不惑之年；而对于一门课程来说，十年也不是一段轻松的历程，有挫折、有苦恼也有求索，用句时髦的话说——"类型北京"这十年，我们痛并快乐着。究竟为什么能够为一门课程执着地坚持这么久？扪心自问，似乎有某种充满魔力的东西一直在吸引着我、引领着我。

最初吸引我的是课程的选题。说来也巧，首批教学团队的三人均来自北京，虽然各自成长的环境略有不同，但是对于这座城市的热爱不谋而合。我在北京出生和长大，在西城古老的恭王府旁完成中学学习，爱着那一条条浓荫密布的街道、曲折幽静的胡同；爱着杨柳轻拂的什刹海、落日余晖映衬下的筒子河……四十余年，和这座城市一起成长，北京留下了太多的青春记忆。以"北京"为题，仿佛把自己最珍爱的宝贝拿出来，深厚的历史底蕴和丰富的文化积淀对于建筑学人来说是一份永远取之不竭的宝藏。

不仅如此，北京还是一座充满活力的现代都市，快速城镇化为这座古都带来了翻天覆地的变化，城市不断扩张，宽阔的马路充斥着汽车、密集的小区挤满高楼大厦，很多老地方消失了，这座城市越来越令人感到陌生；人口持续增长，原有的社会结构在变、生活节奏在变，现代生活所带来的快感和困境并存，令人无法回避。以"类型"为题，正是契合当前的时代背景，鼓励学生从现代生活出发，发现社会的真实需求，并以类型学的视角探索建筑的发展趋势。"类型北京"与其说是一个设计选题，不如说是一项研究课题更为准确。

细数这十年积淀下来的作品，其中有很多研究虽然不敢说引领，但是仍具有重要的前瞻性："最后一公里·北京"早在政府推出公共自行车体系之前就开始探讨非机动车相关设备和环境改造问题；"平改坡"和"青年公寓"则早在因"唐家岭现象"引起社会关注之前就开始尝试为职场新人解决居住困难；同样，"绿环""灰线"对于城市的思考非常深刻，相信在不远的将来一定会真正地影响城市的发展。

教学理念的提升令我受益匪浅。之前一直参加本科二年级设计课的教学，属于基础平台范畴，课程选题主要以建筑类型划分，面对专业基础尚浅的学生，采用以传授和辅导为主的教学方法。初次加入三年级"类型北京"

教学团队，身为教师的我也经历了教学思想和教学方法上的重大转变。作为开放式专题课程，不规定具体建筑类型、建设地点、建设内容，设计成果也因选题的差异而大相径庭。说实话，较之二年级辅导时的轻车熟路，本课程给任课教师带来更多的挑战，每每面对十余位学生、思考数个迥异的选题（特别是并非每个选题都是之前熟悉的领域），整个教学过程需要不停地进行头脑风暴，体力也要经受大大的考验。

从本质上来说，"类型北京"真正的指导教师是社会生活，这也是我们非常希望学生们能够体会的，设计来源于生活、回馈于生活，生活是建筑师的根基。清华校园中矗立着为王国维先生所做的纪念碑，其中陈寅恪先生所题"自由之思想，独立之精神"是对所有清华人的期望。鼓励学生独立发现问题，鼓励质疑与反思，使他们了解发问和答案一样重要，是"类型北京"的指导思想。记得看过一部由芭芭拉·史翠珊主演的电影《YENTL》，描写犹太神学院的学习生活，基本上就是提问与辩论的过程，法理在辩论中逐渐清晰。同样，在"类型北京"的课堂上，师生关系不再是教与学，而是共同研究和探讨的关系；教师的角色也不再是传授者，相反更像是提问者，通过锲而不舍的质询和追问，启发学生剖开表面现象而发掘事物的本质。

作为清华教师是很幸福的，因为我们拥有特别好的学生，他们的智慧和努力时时给我们惊喜，使我们忘却了身体的疲惫。

收获和感悟促进学术思想的成长。在"类型北京"的十年历程中，单军教授清晰的教学思想和前瞻的教学理念令我受益良多。同样，学生们激昂的理想和热情也令我为之感动，可以说我在和学生们一起成长。至此，课程虽然暂时告一段落，但是它的影响却悄悄地改变着我们。"类型北京"强化理性分析与思考，经过十年教学相长的过程，这种习惯已经根植于我个人的学术思想，无论是教学还是实践，更加倾向于关注社会、关注生活，对于设计成果亦更加追求逻辑合理的解决方案。如今，我已经成为两门研究生设计课程的负责人，在建立自己独立的教学体系时，"类型北京"的收获和感悟时时激励和启发着我。

《礼记》名篇《学记》中有："虽有嘉肴，弗食，不知其旨也。虽有至道，弗学，不知其善也。是故，学然后知不足，教然后知困。知不足，然后能自反也，知困，然后能自强也。故曰：教学相长也。"

"类型北京"宛如一场教学相长的盛宴，我们共同收获思想的美味，甘之如饴。

程晓青

2015 年 5 月于清华园

01
互动设计 CO-DESIGN

方案设计：阮昊　傅平川
指导教师：单军
完成时间：2006

[概念综述 CONCEPT]

MIND THE GAP：时间上的间隙是老的建筑死亡之后新的建筑还未建造起来的中间状态。空间上的间隙是指遗留在城市中间的废弃地或者没有开发的土地。城市的印象是由城市的建筑、城市的标识等来决定的。城市印象的缺失是我们对城市老的事物的记忆缺失，在今天日新月异的北京城里，不难看到城市里拆迁后的建筑空地，这些地方曾经记载着历史，我们的任务是在城市的间隙建造建筑物来填补这一记忆的缺失。Mind the gap 是提醒人们注意那些城市的空地，以便更好地利用它们。城市中的一些废弃地往往存在于原来道路的飞地。它们往往由于种种原因——经济、政策，特别是交通的不便利而成为一块价值未被充分利用的废弃地。

MIND THE GAP: The time gap refers to the state which is in the middle of the death of old architectures and the birth of new architectures. The space gap refers to the wasteland or the undeveloped land left in the city. The city's image is determined by buildings and landmarks. The absence of a city's image results from the absence of old memories in the city. In the ever-changing Beijing, we can see the open space left by the demolition of architecture where history was so alive. Our mission is constructing architectures in the open space to revive the lost memories. Mind the gap is designed to remind people of the open space and use them better. Some wasteland in the city is often in the enclave of abandoned road. They are often underused due to various reasons — the economy or policies especially the inaccessibility.

互动设计　CO-DESIGN

高密度住宅研究

[教师点评 COMMENTS]

设计选题源于对外地打工族这样低收入特殊人群居住状态的关注。与使用者的互动访谈乃至使用者参与设计，是本设计的亮点。

调研得出的使用者将租住廉价性作为第一需求的结论，成为设计的出发点，由此获得以牺牲阳光来获取居住面积下限的超高密度租住形式。而地段选取邻近轻轨沿线，也是出行交通廉价性的考虑。建筑本身具有临时性，且由于凸显了地段因轻轨开通，城市背面转化为城市正面后的一种临时状态，而具有一种对城市的思考。

与形式相比较，设计中所体现的理想主义及对社会的关注更值得称赞。

PS 教学备忘：在本课程和设计完成的一年后，作家六六出版了其作品《蜗居》（2007），然后其同名电视剧热播（2008），三年后北大廉思发表了《蚁居：大学毕业生聚居村实录》（2009），廉价租住成为社会话题。

单军

[设计流程 DESIGN PROCESS]

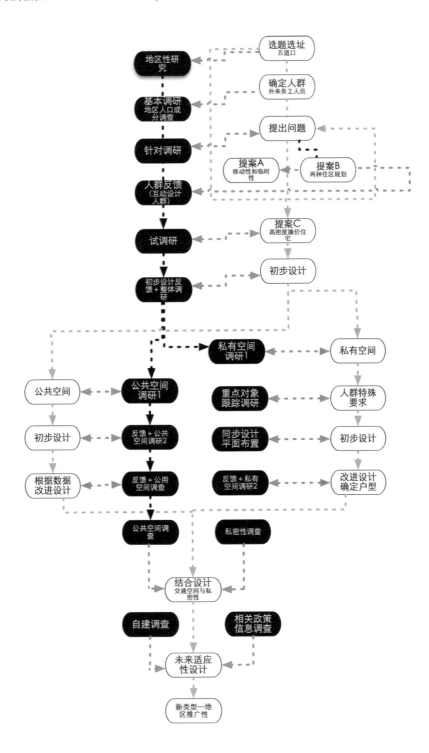

[GAP：地段 + 人群 SITE&PEOPLE]

地段——五道口

由于地铁和轻轨的建成使原本地段内城市中不为人所知的背景成为主题，大量曾经掩藏于外部建筑下的空地由此暴露在城市中。地段内交通十分混乱，缺乏规划控制，景观不雅。地段周围有很多大学和研究机构，并由此产生很多商业与办公建筑。居住区域居民阶层混杂，居住模式也很多。居住条件也相距甚远。

GAP——关注弱势群体

我们发现外来人口在生活水平上和城市平均水平相差很远。就像五道口地区存在很多不同类型的住宅一样，有像华清这样的高档公寓，也有像现在外来人口居住的破旧平房。我们希望通过设计去更好地了解在GAP另一头人的生活。

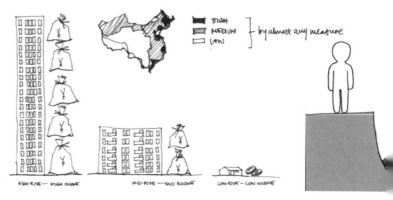

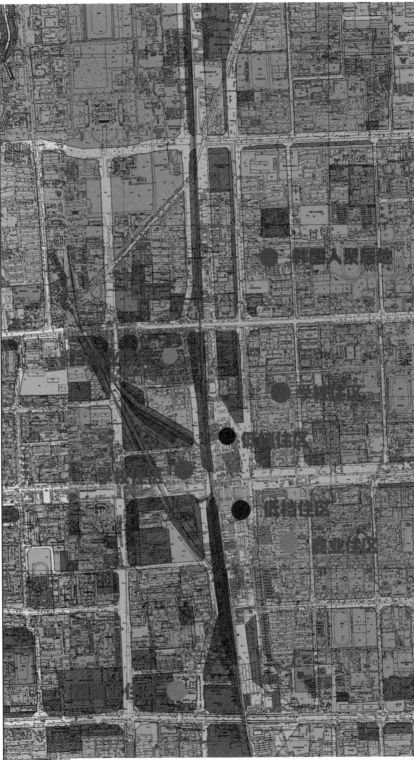

[互动设计过程 CO-DESIGN PROCESS]

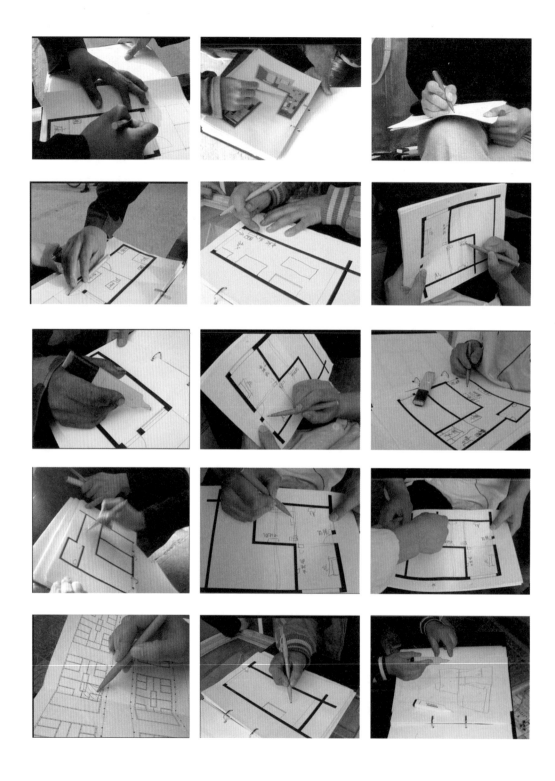

対象选择：分别选取
不同居住状态的使用者，
以实现全程互动为目标。

平图过程：将设计初
局交给未来的使用者进
行图：

（1）看平面图；
（2）看室内透视图；
（3）看形象的俯视平
面布置图；
（4）提供外墙轮廓的
图纸，让使用者画出认
为适合自己居住的户型。

反馈修改：根据使用
者的反馈做以下反应：
（1）拟打出使用者对
户型的心理分数；
（2）根据平均反馈意
见进行修改。

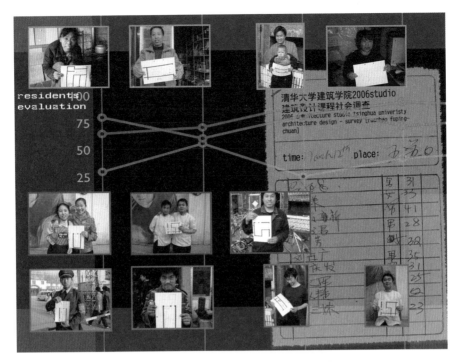

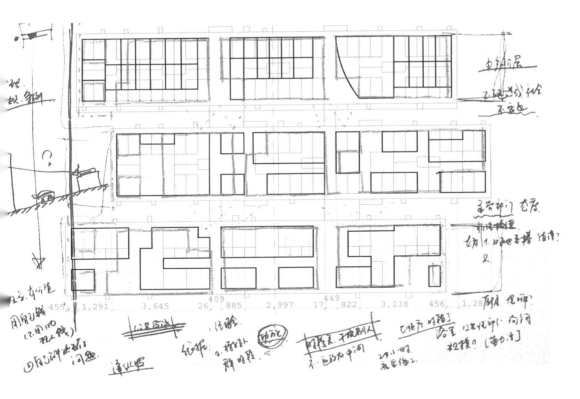

[设计原则 PRINCIPLE]

私有空间最大化、公共空间最小化

住区虽然强调高密度，但是仍旧要保证每一个住户在住宅中获得同等的基本权利，比如日照采光。

采用不同单元拼凑的方式来填补平面上的整个空地，从而达到私有空间利用的最大化。相同的开口尺度使得每一户住户都能够在私有空间最大化的基础上公平地享受同等阳光。

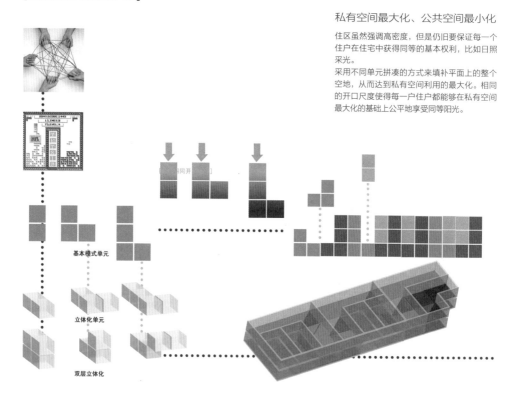

基本模式单元

立体化单元

双层立体化

[户型分析 HOUSEHOLD]

户型分布：根据调研得到三种基本户型。高密度住宅的住房整体质量从下到上呈上升状态，其中户内人均面积逐步增加，居住人数逐步减少。

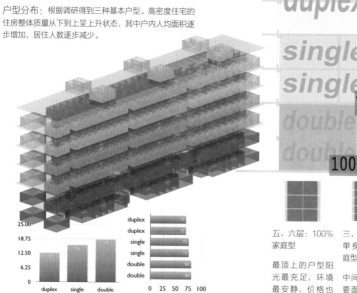

duplex duplex
70x2=140

single single
single single
70x2+25x1=165

double double
double double
100x1+25x2=150

五、六层: 100% 家庭型	三、四层: 70% 单身型 +30%家庭型	一、二层: 80% 合租型 +20% 单身型
最顶上的户型阳光最充足，环境最安静，价格也相对较高，提供给经济上宽裕一些的家庭租住。	中间层的户型主要面向对隐私要求比较高但面积又不需要太大的人群。	底层的户型阳光最少，私密性最差，主要面向合租型，是最廉价的户型。

[公共空间设计 PUBLIC SPACE]

厨房：每层在住宅靠近轻轨的一头有两个公共厨房，旁边是一些可以提供给住户吃饭使用的公共空间。将厨房集中放置在轻轨的一边主要考虑到轻轨会是一个主要的噪声源，而厨房可以阻隔一部分的噪声。

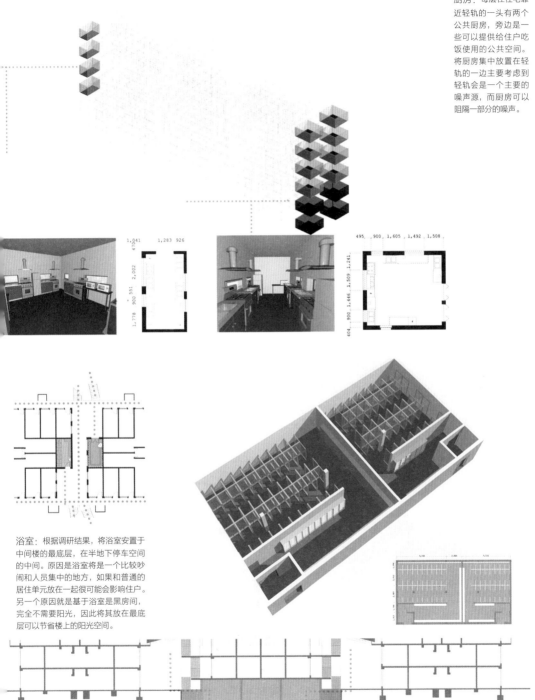

浴室：根据调研结果，将浴室安置于中间楼的最底层，在半地下停车空间的中间。原因是浴室将是一个比较吵闹和人员集中的地方，如果和普通的居住单元放在一起很可能会影响住户。另一个原因就是基于浴室是黑房间，完全不需要阳光，因此将其放在最底层可以节省楼上的阳光空间。

[私密性 PRIVACY]

两栋楼之间采用错半层的设计最大化了有限的 6m 间距限制下的
私密性。从人的视线上避免了互相之间的对视，使居住者能够在
公共空间和私有空间中都享受最大化的私密性。

[交通空间 TRANSPORTATION]

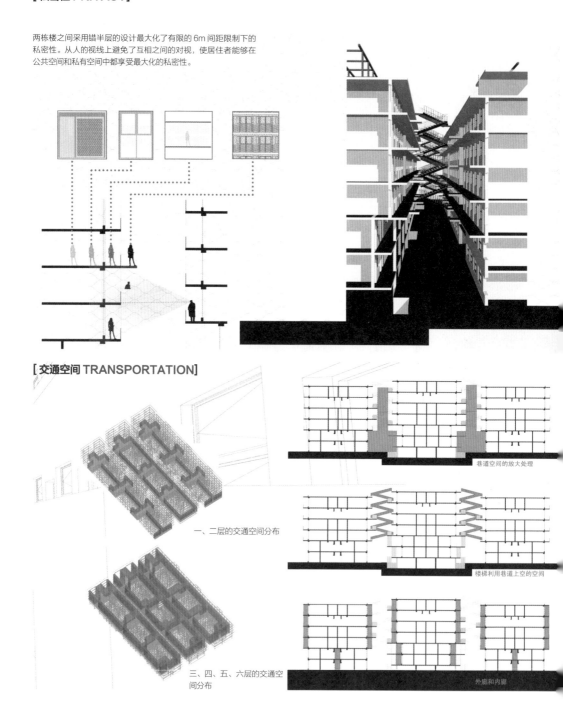

一、二层的交通空间分布

三、四、五、六层的交通空间分布

巷道空间的放大处理

楼梯利用巷道上空的空间

外廊和内廊

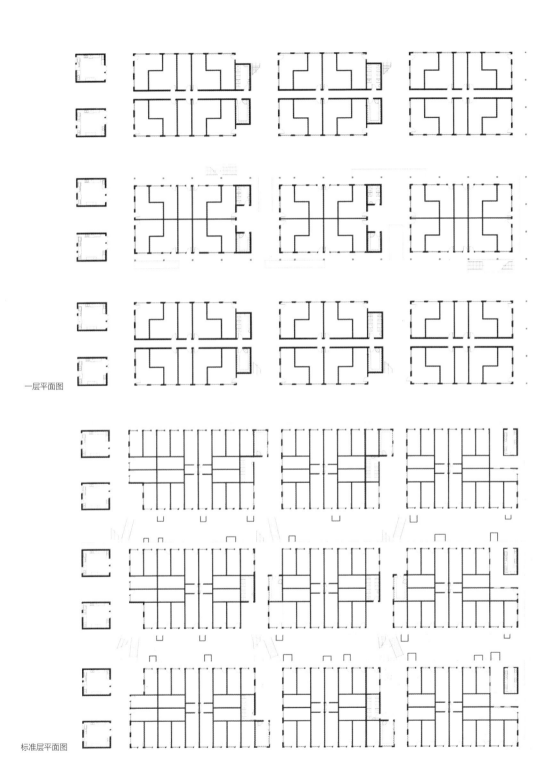

一层平面图

标准层平面图

[学生感想 STUDENTS' FEEDBACK]

这次历时八周的设计，我们经历了许多痛苦思考而徒然无果的白天，也经历了无数个挑灯夜战卓有成效的夜晚。陪伴我们的始终是我们可爱但是偶尔出问题的电脑，还有就是音乐和咖啡。设计是一个痛并快乐着的过程，其实这两者是相辅相成的，没有经历痛苦，也就无所谓收获快乐。我们为了设计，付出了很多，现在回过头来看，我们的付出是值得的。

这个设计是我们的第一个合作设计，在做设计的同时，我们在不经意之间收获了许多设计之外弥足珍贵的东西，比如友谊。很多时候我们两人都有其他的事情要暂时离开，对方都是非常支持的。当然矛盾的产生也是不可避免的，关键是互相的包容，这样它不仅没有使我们的友谊产生裂痕，反而更加深厚。我们觉得合作的精神才是最宝贵的，也是做好设计的第一步。

我们认为人生的两大乐事是恋爱和画图，这就是我们的人生观。设计就像是我们的女友，是需要全身心去热爱、去呵护。我觉得我们能够合作成功关键还是我们俩人都对设计持有相同的观点。

虽然我们的设计还充满学生气的理想主义，但是我们一直在进步，在不断的成熟中，思想也在蜕变。我相信多年后的某一天，当我们不经意地重新回望这个设计时，感受到的不会只是幼稚和可笑。

02
爱情北京　BEIJING LOVE

方案设计：郭璐　蒲洁宇
指导教师：程晓青
完成时间：2007

[概念综述 CONCEPT]

大龄未婚青年近年来呈现快速增长的趋势，在经济发达地区尤为明显，至2005 年初，北京地区约有大龄未婚者 17 万人。现代生活方式使人与世界交流的方式发生了改变，年轻人更习惯数字化的沟通方式，而婚恋是必须与现实空间联系在一起的，所以在一定程度上造成大龄未婚的现象逐年上升。在主要针对北京未婚青年的调查中显示：造成职场大龄未婚的主要原因是，"生活圈子小，机会少"。

通过我们的调研可以得出，63% 的年轻人都希望以偶遇的方式获得自己的爱情，这启发了我们的设计灵感——结合青年男女经常使用的功能，创造在不经意间偶遇相识的场所，使偶遇成为一场美好爱情的开端。

In recent years, the number of spinsters has been on the rapid increase, especially in economically developed areas. Until the early 2005, there were about 170 thousand spinsters in Beijing. As modern lifestyle has changed communication modes between people and the world, young people are more accustomed to digitized communication, which, to some extent, has resulted in the gradually increasing spinsters because love and marriage must be linked with the real space. The survey mainly targeting unmarried youth in Beijing shows: the spinsterhood in workplace is mainly caused by "small life circles and less chances".

It can be concluded from our research that 63% young people want to gain love by encountering someone, which inspires us in design — combining functions frequently used by young men and women to create a place where men and women encounter by chance and where the beautiful love starts.

爱情北京　BEIJING LOVE

[教师点评 COMMENTS]

本设计以青年男女"偶遇：一见钟情"这一生动的社会现象为切入点，借鉴戏剧舞台的表现手法，探索了从"惊鸿一瞥""暗生情愫""眉目传情"到"皆大欢喜"等几个风趣的生活场景，其积极意义不仅仅是对于社会需求的敏锐观察，在建筑层面上更为重要的是探索了异质空间之间的共生和转化。

建筑从象征"男""女"的两个端头进入，内部空间划分成既彼此严格区分又可以相互感知的两个部分，不同空间之间通过通透或半通透的介质进行分隔，营造若有若无、若隐若现的心理期待，对于主题的诠释理性之中又不失浪漫。

此外，作者选取什刹海历史保护街区作为设计的舞台具有另一番用意，即：将"男"与"女"之间的异质性引申到"新建筑"与"老城区"的矛盾关系中，汲取传统装饰和材料，探索异质元素的转化和兼容，虽然方案成果略显稚嫩，但其在设计方法和空间类型方面的探索无疑是具有启发性的。

程晓青

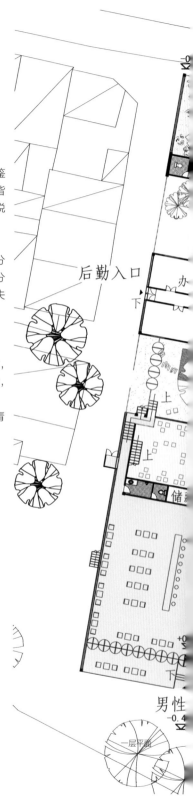

性入口

3.00

储藏

3.70

3.00

3.20

3.00

2.70

诸藏

3.00

3.00

6.00

6.00

5.50

6.00

二层平面

三层平面

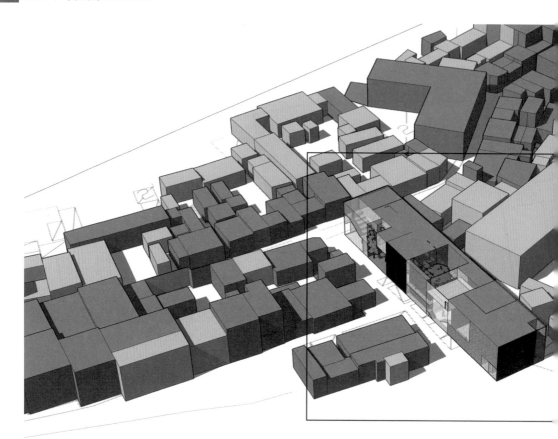

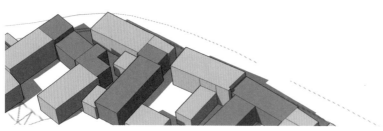

鸟瞰图

[调研结果 RESEARCH RESULT]

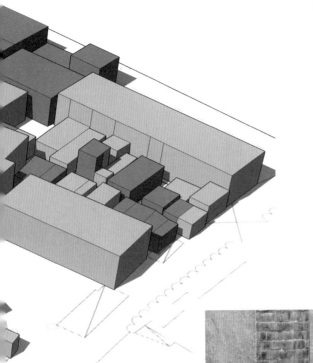

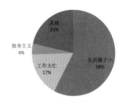

大龄未婚的主要原因
（据北京晚报网络版，
2006-11-10-17:28）

男性 / 女性对空间的偏好

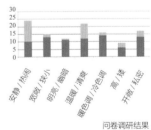

问卷调研结果

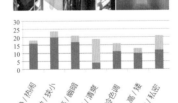

调研对象：
1) 对父母介绍相亲的态度　　2) 对网恋的态度　　3) 理想遇见方式

[原型探讨 PROTOTYPE DISCUSSION]

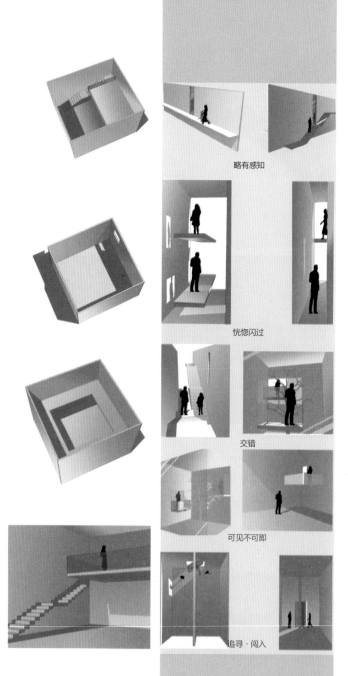

略有感知

恍惚闪过

交错

可见不可即

追寻·闯入

女性空间

"方盒子"的可能性

性别之间

流线中空间关系体验

男性空间

多样的线性空间

[地段分析 SITE ANALYSIS]

· 尺度：限高9m，传统形成
的商业界面较密。取三开间
12m宽、进深60m；

· 布局：男性入口面向什刹海，
女性入口面向烟袋斜街；

· 界面：呼应周边环境，从视
线上考虑建筑表皮与开口；
针对两个不同界面的建筑、
环境、人流差别，采用不同
手法。

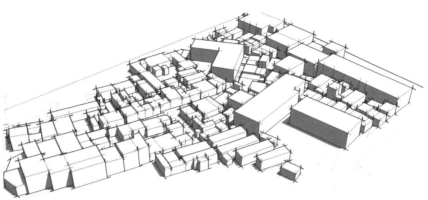

景观视线

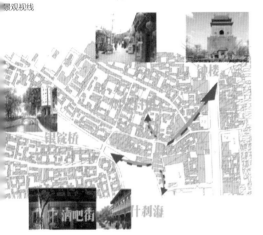

功能类型

酒吧　商店　餐馆

建筑尺度

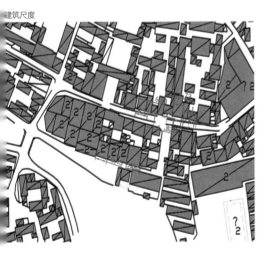

人流分析

男性较多的流线　女性较多的流线

[案例设计 CASE DESIGN]

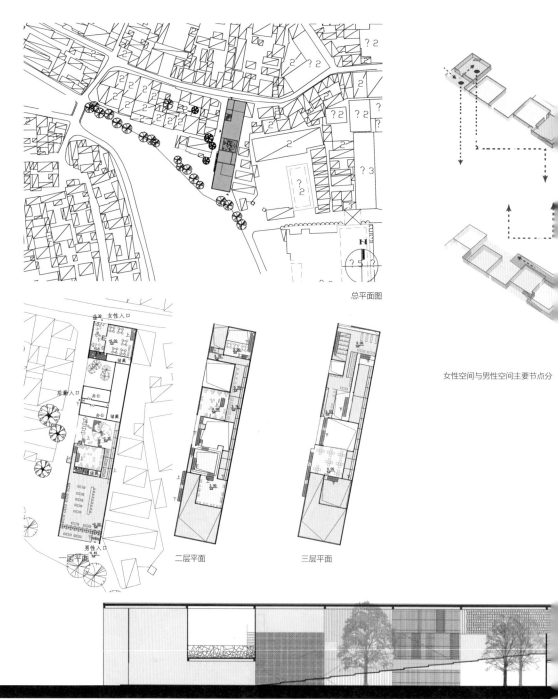

总平面图

女性空间与男性空间主要节点分

一层平面

女性入口
后勤入口
办公
办公
储藏
男性入口

二层平面

三层平面

剖面 1—1

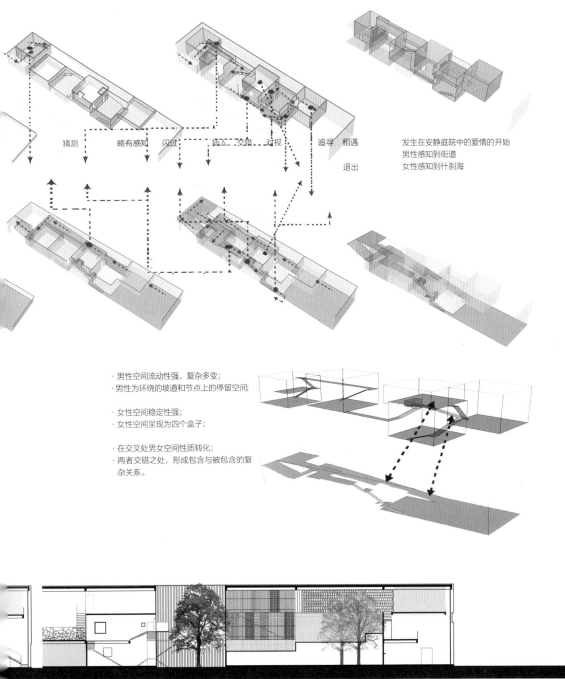

猜测　　　略有感知　　闪过　　　插入　交错　对视　　追寻　相遇

退出

发生在安静庭院中的爱情的开始
男性感知到街道
女性感知到什刹海

· 男性空间流动性强，复杂多变；
· 男性为环绕的坡道和节点上的停留空间；

· 女性空间稳定性强；
· 女性空间呈现为四个盒子；

· 在交叉处男女空间性质转化；
· 两者交错之处，形成包含与被包含的复
  杂关系。

剖面 2—2

[空间分析 SPACE ANALYSIS]

男性空间和女性空间之间有复杂的多变
关系。

女性空间   男性空间

独自徘徊
月桥花院，琐窗朱户，只有春知处。
《青玉案》贺铸

交错
凤箫声动，玉壶光转，一夜鱼龙舞，蛾儿
雪柳黄金缕，笑语盈盈暗香去。
《青玉案·元夕》辛弃疾

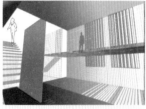   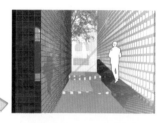

略有感知
拂墙花影动，疑是玉人来。
《明月三五夜》元稹

闪过
凌波不过横塘路，但目送芳尘去。
《青玉案》贺铸

[材料分析 MATERIAL ANALYSIS]

金属和砖为男性空间主要材质，木格栅为
女性空间主要元素，创造出具有各自特征
的空间。

女性空间   男性空间

可望不可及
溯洄从之，道阻且长。溯游从之，宛在
水中央。
《诗经·蒹葭》

追寻
众里寻他千百度，蓦然回首，那人却在，
灯火阑珊处。
《青玉案·元夕》辛弃疾

对视
过尽千帆皆不是，斜晖脉脉水悠悠。
《梦江南》温庭筠

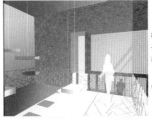

相见
长卿怀茂陵，绿草垂石井。弹琴看文君，
春风吹鬓影。
《咏怀》李贺

[界面分析 INTERFACE ANALYSIS]

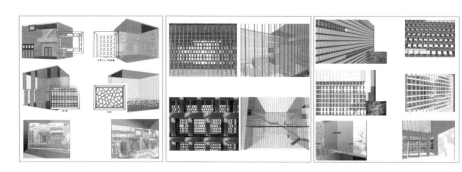

女性界面

材质：玻璃、木材

手法：传统元素的延续拼贴

1. 较实的木材饰面，稳定而平和
2. 木格栅式书架，形成女性可推拉转动的界面
3. 木窗格式界面穿插书架，在朦胧中创造偶然抽书可见另一空间的戏剧性
4. 局部呈冰裂纹纹样，下密上疏，在通透的同时，阻挡下部男性的视线

男女交汇处

1. 渗透：木材与青砖互现
2. 互换：男女界面交换材质

男性界面

材质：青砖、钢板

手法：传统元素的重新阐释

1. 男性正立面上部砖砌法：照顾夜间景观
2. 男性侧立面砖砌法：与书架结合的墙面设计
3. 男性正立面下部砖砌法：引导视线

女性空间立面（面向烟袋斜街）

男性空间立面（面向什刹海）

[学生感想 STUDENTS' FEEDBACK]

"爱情北京"的设计完成于 7 年前，设计过程如今难以做到历历在目，但仍有若干片段能够清晰地浮现在眼前。

一为选题。在进入"类型北京"studio 之初未曾想选择如此"风花雪月"的题目，而是颇有济世情怀地试图为拾荒者设计庇护所，为此顶着北京初春的寒风在中关村、大栅栏、北京站等处多次调研，跟踪拾荒大爷、搭讪流浪母女，凡此种种，却始终未能找到恰当的建筑学语言来实现这一目标。"爱情北京"的设计灵感是在积累了许久的苦闷之后一次电光火石般的突发奇想，两人闲谈之中随口说道："不如做个相亲空间吧"，本来只是一句玩笑，可一说出口就忽然同时激发了两个人的创作激情，于是毅然抛掉过去的题目，奔向新的目标。正是"类型北京"studio 这种无指定题目、无一定成规，给学生充分的创造自由的教学模式，使得我们的这个选题成为可能。

二是调研。选定题目之后，我们在老师的引导下进行了一系列的调研，除了传统建筑教学中的地段调研之外，更多的力量是花费在对题目本身的理解上，通过网络信息的搜寻、调研问卷的发放等方式获取可用信息，并努力将之转化为建筑语言。现在看来当时获得的信息都很肤浅，问卷的设置也完全不符合社会调研的基本规范，但是这样一种尝试，使得我们开始学习从生活中发现人的需要，并以建筑的方式去回应这种需要，建筑变成了从生活中生长出的有血有肉的生命体。

三是评图。当时的评图请来了不少知名建筑师，而我们的表现却颇为窘迫，电子文件出现问题，只能拿着图板现场比划，又没有太多表述经验，可老师们都非常宽容，舒缓了我们本身颇有些紧张的神经。还记得一位老师开玩笑说："你们这个设计最大的问题是由两个女生做的，应该是一男一女最合适。"当时不过哈哈一笑，现在回头来想，两个 21 岁的、无甚恋爱经验的小姑娘真是愣头青般地为了一个突如其来的念头，进行了种种青涩的探索，完成了这样一个稚嫩的习作，这离不开老师们的宽容、引导与鼓励。

对我而言，现在呈现在大家眼前的成果并非是最重要的收获，更为珍贵的是整个 8 周的学习过程，这段经历就像一颗小小的种子，在 7 年前植入心中，慢慢发芽抽长，日渐茁壮，让我渐渐领悟一个建筑设计方案是建筑师匠心独运的创造，但又绝非妙手偶得的神来之笔，它是社会生活的产物，是在对社会的细致观察、对生活的全面认识、对人群的深切理解之下的结晶。

03
寄生胡同 PARASITISM ALLEY

方案设计：郭一茫　张婷
指导教师：单军
完成时间：2008

[概念综述 CONCEPT]

2008 年奥运会期间，大量国外游客、记者、运动员来京；奥运会后外来人员进京也呈增长态势。这对北京来说是机遇也是挑战，同时也是保护传统文化一个契机。在众多国外人士聚集区中，南锣鼓巷具有如下特点：外国人寄生于中国传统居住区；新商业寄生在传统商业街；新功能寄生在古代建筑内。因此我们选择它作为设计地段。

我们提出以下的寄生模式：现有经营旺盛的商铺为 A，以相邻或相对的现有未开发的住宅为 B，两者间的部分为 C，以保护、发掘潜在艺术价值的态度赋予 B 商业功能，使其寄生于发展良好的 A，并衍生出 C 空间，使其对公共空间有贡献的同时，实现 A 和 B 的双赢。

The Olympic Games attracted a large number of foreign visitors, reporters and athletes to Beijing; after the Olympics, the number of foreigners who come to Beijing was expected to show an upward trend. This is a challenge as well as an opportunity for Beijing, and this is also an opportunity to protect traditional culture. Among many foreigners-crowded areas, Nanluoguxiang has the following characteristics: foreigners livs in Chinese traditional residential areas; new businesses exists in traditional commercial streets; new features exists in ancient buildings, so we chose it as a design location.

We propose the following parasitism mode: if the existing booming retail stores are labeled as A; the adjacent or opposite houses for development are labeled as B; the part between the two is labeled as C, B is endowed with commercial functions with an attitude of protecting and exploring potential artistic value, and is forced to parasitize in A under sound development to derive space C, thereby contributing to public space while achieving a win-win result between A and B.

寄生胡同　PARASITISM ALLEY

[教师点评 COMMENTS]

保护与发展是困扰历史文化名城建设的关键矛盾，对于北京来说，位于城市核心区的历史保护街区代表了这个城市的悠久传统，胡同和四合院塑造出独有的城市特色，蕴藏着丰富的文化积淀。然而，受到传统空间的制约，历史保护街区目前普遍存在基础设施落后、建筑环境破旧的问题，难以满足现代生活的需求。

本设计的选题和立意均清晰折射出作者对于北京古老街巷的热爱，方案以整体保护和渐进式更新为指导思想，选取胡同和四合院的典型片段，从现代功能和异质人群的植入入手，依托已有成熟商业设施，增加"寄生"设施，衍生二者之间的活力空间，试图完善古老街区在生活设施方面的缺失，唤醒古老街巷的活力。虽然设计手法尚显稚嫩，但是作者敢于挑选城市更新这一高难度命题，大胆进行另类思考，其勇气难能可贵。

程晓青

[酒吧调研 RESEARCH]

向酒吧学习：

我们在南锣鼓巷、五道口、后海、
三里屯共发了 28 份问卷，被试覆
盖美国、英国、澳大利亚、加拿大、
挪威、荷兰、韩国等七个国家。
调研结果如下：

1. 大多数外国人愿意与中国人交流
（选择频数：26/28）
2. 休闲去处集中在餐厅、酒吧、景
点（选择频数：10+7+7/28）主要
以商业为载体
3. 经商旅游留学人数多（选择频数：
10+7+7/28）有随机性
4. 愿意结交中国朋友的地点集中在
酒吧（选择频数：12/28）以商业
场所为主要载体
5. 爱北京之处：历史、文化、当地
人（选择频数：15+10/28）以历
史文化区为聚集地
6. 停留时间大多集中在几天（选择
频数：17/28）

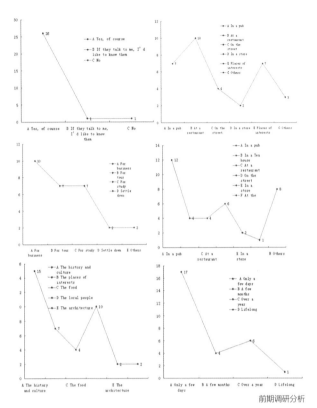

前期调研分析

商业街与酒吧关系的四种寄生模式

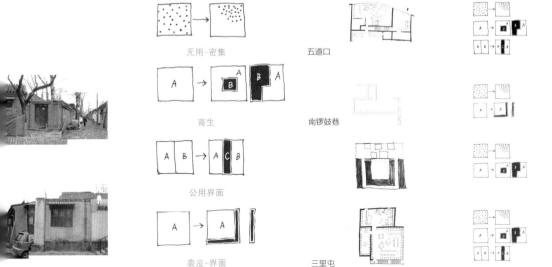

无用-密集　　　五道口

寄生　　　　　南锣鼓巷

公用界面

表皮-界面　　　三里屯

[地段分析 SITE ANALYSIS]

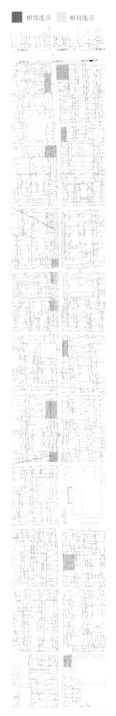

相邻选点　相对选点

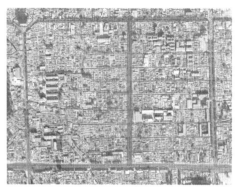

南锣鼓巷及周边

相对现状平面

发现问题

商业：类型单一，以西方酒吧为主流，传统商业很少（文宇奶酪、理发点、副食店）

人：酒吧影响居民生活，污染环境，侵蚀原有公共与私人空间，居民怨声很大

历史建筑：临街的老房子正逐渐被破坏，逐步失去历史艺术价值，虽有法规，但仍有违例

公共空间：零星，散乱，利用率低

解决问题

商业：扩大商业品种，发扬本土商业（茶馆、小型戏院，金鱼，旗袍）

历史建筑：保护古建筑，以合理的方式赋予其新商业功能，同时发掘建筑本身的艺术价值

人：考虑业主、老板、客人三者角色关系进行设计；实现共赢

公共空间：结合原有可能性嵌入新公共空间，利民利商

选址——寄生意义

南锣鼓巷：符合第一阶段调研的综合考虑之结果。外国人寄生于中国传统居住区；新商业寄生在传统商业街；新功能寄生在古代建筑内。

选点——寄生逻辑

现有经营旺盛的商铺为A，以相邻或相对的现有未开发的住宅为B，两者间的部分为C，以保护、发掘潜在艺术价值的态度赋予B商业功能，使其寄生于发展良好的A，并衍生出C空间，使其对公共空间有贡献的同时，实现A和B的双赢。

相邻现状平面

相邻现状剖面

+6.02
+4.89
+3.67

+0.00

[模式分析 MODE ANALYSIS]

相邻的四种模式

——以产权边界为线索寄生程度升级

——空间维度

模式一：竞争关系

　　产权界限分明，完全模仿 A 经营模式

模式二：相互尊敬

　　　产权界限适度保留，但为顾客提供了不同可能性，不完全模仿 A 模式

模式三：互吃双赢

　　产权界限有提示 A 吃掉 B 的一小部分产权，提供共享的公共空间，B 借外墙让出公共过廊

模式四：吃的最高级

　　产权界限模糊，A 最大限度地吃掉 B 产权（B 的面积缩小到最小经营面积）提供两者共享的公共空间

相对的四种模式

——以横向渗透为线索自立程度升级

——时间维度

模式一：避的姿态

　　以墙为载体完全寄生于相对商铺

模式二：进攻的姿态

　　　以条空间为载体同时寄生于共享的公共空间

模式三：相持的姿态

　　进一步渗透成片

模式四：相容的姿态

　　以院子为核心渗透成团

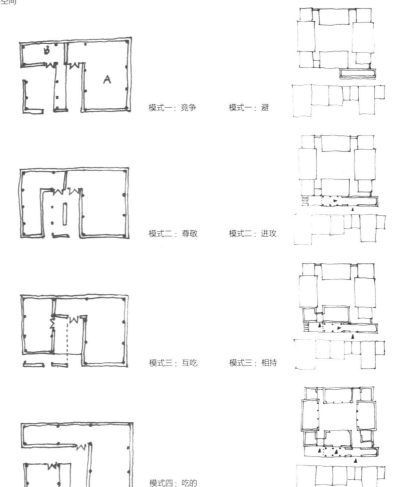

模式一：竞争　　　模式一：避

模式二：尊敬　　　模式二：进攻

模式三：互吃　　　模式三：相持

模式四：吃的　　　模式四：相容
　　　　最高级

[案例设计 CASE DESIGN]

案例设计——相邻之一

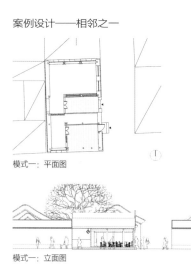

模式一：平面图

模式一：立面图

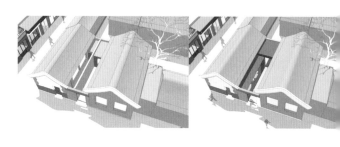

案例设计——相邻之二

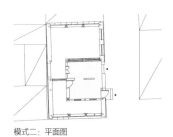

模式二：平面图

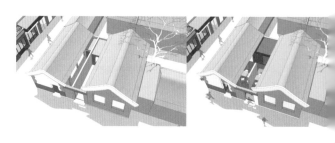

模式二：立面图

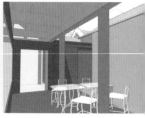

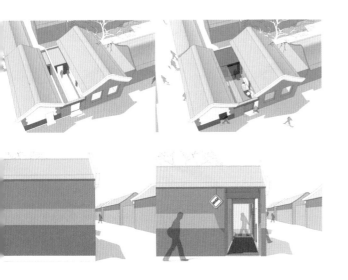

案例设计——相邻之三

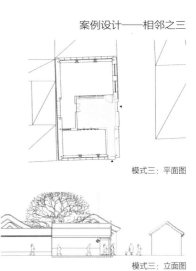

模式三:平面图

模式三:立面图

案例设计——相邻之四

模式四:平面图

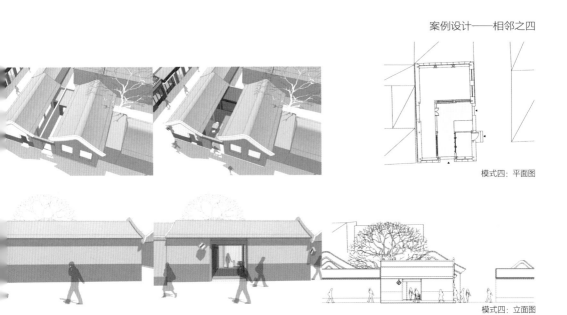

模式四:立面图

案例设计——相对之一

模式一：平面图

模式一：立面图

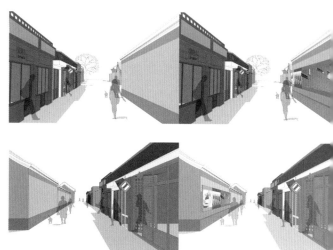

案例设计——相对之二

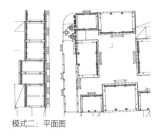

模式二：平面图

模式二：立面图

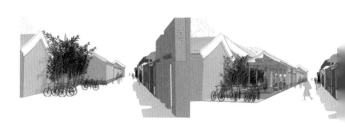

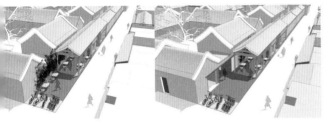

案例设计——相对之三

模式三：平面图

模式三：立面图

案例设计——相对之四

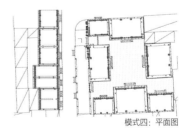

模式四：平面图

模式四：立面图

[学生感想 STUDENTS' FEEDBACK]

本科时候做这个设计其实是想搞明白一件事，那些能留住人的、让人常常光顾的店面，到底和物质空间的操作有什么关系呢？有没有规律和模式可循？当时我们两个女生骑着自行车满城跑，专门挑晚上去人多的地方，至今都对这段记忆印象深刻。现在想想，当时的设计是基于我们非常有限的观察和体验，把问题简单化了。不过也在某种程度上逼近了那个真实吧。

当时的我们用了一些好笑的词语去总结观察到的一些空间模式，比如寄生、无用空间，现在想想，都是一些很朴素的道理。比如寄生，是说共用一个出入口的几家店铺，形成体验上很丰富的小综合体，会收获比单独经营更多的人气。比如五道口的 Lush 酒吧，就是和原来的光合作用书店，以及一家服装店共生在一起，这就大大增加了本来没有什么交集的人群也进去坐一坐的机会。印象比较深的是三里屯的一家饭馆，叫做"桥厂和牛屋"，看上去是两家店，实际上属于同一个经营者，故意运用了这种方式来提升人气。日式料理在上层，是个尺度亲切的回廊空间，中间是吹拔，下面通高的空间作为烤肉店。这种策略大概是以一些很隐蔽的方式进入人们的潜意识的。再比如，有些店面不会摆满坐席，会有意识地留出一个"空"来，没有条件的也会借用室外的"空"，让很多可能性自然地发生，比如咖啡馆里的作家交流会，酒吧里的电影放映活动。

后来我们尝试把这种规律和模式虚拟地运用到南锣鼓巷的改造中。第一类改造是针对已经存在的沿街店铺，引导不同产权单位通过共享院子的方式达到互惠互利的合作关系；当产权发生合并，引导共生关系店铺的格局，而不是整个成为一个大店铺。第二类改造是针对还未开发、但很可能即将被开发的沿街土地，我们提出了一种逐步深入的开发方式。

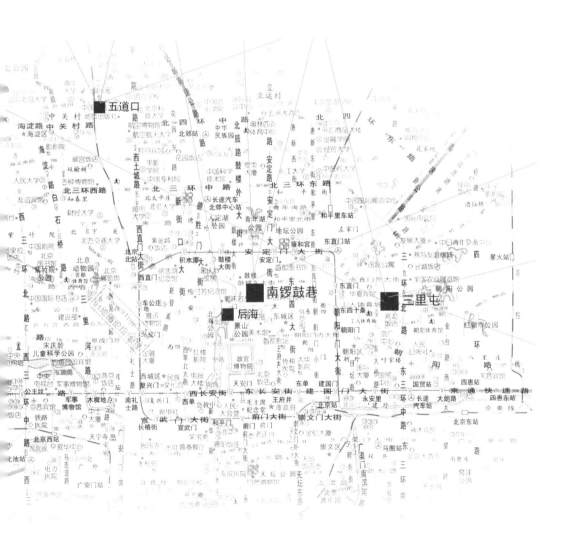

04
书园　BOOKGARDEN

方案设计：钱晓庆　陈晓兰
指导教师：单军
完成时间：2008

[概念综述 CONCEPT]

书：中国的文人向来喜欢与自然交融盘结，园林是其精神归宿的空间原型。
园：在围合的方寸土地之中，有土，有石，有藤蔓树木，有无尽的空间和想象。中国造园艺术，是以追求自然精神境界为最终和最高目的，从而达到"虽由人作，宛自天开"（计成《园冶》）的目的。

书店：是现代社会文化集散地。书生活，思生活。城市宅园，咫尺山林，精神居所，自古文人退隐驳岸之处。其价值在于，在喧嚣不安、高密度的现实社会中，给现代人直面自然、颐养身心留下一方净土，不至于在后工业社会的权力技术下被规训为一个无思的部件或者一瞬无根的幻影。我们期望：一方心灵净土，触手可及的自然——城市地造园，芥子纳须弥，壶中天地，回归江南文人情怀。

Books: Chinese literati have always enjoyed immersing themselves into the nature and the gardens are the prototype of their spiritual homes.
Gardens: In the enclosed tiny land, earth, stones, vine plants and trees are gathered around to create endless space and imagination. Chinese gardens' construction art pursues natural spirituality as the final and highest goal and tries to achieve "A work of human resembles a work of the nature" (*The Craft of Gardens* by Ji Cheng).

Bookstores: modern assembling centers for social culture. The life with books is the life with thinking. A garden home in the city is a spiritual home for ancient literati to cloister themselves from the world. The bookstore's value lies in creating a pure land for people to get close to the nature and comfort their bodies and soul in the hustle and bustle life and avoid from becoming components without thinking under the power of the post-industrial society. We are trying to create a pure land- City Nature Garden for people to comfort their soul and get close to the nature.

书园　BOOKGARDEN

现代书店模式 + 中国古典园林类型

[教师点评 COMMENTS]

在北京这样快节奏与喧嚣的大都市，慢与宁静成为重要的精神需求。可以品茗读书的书店也许是满足这种心理补偿最好的精神场所。

将书店园林化，以获得"闹中取静"，是本设计的主旨。设计的难点在于园林原型的提取。作者从"什么是最小的园林"的提问出发，结合传统园林的案例学习，提取"墙"与"院"两个基本要素，通过拓展"墙内"空间并赋予书店功能，形成与"墙外"的"院"空间并存的"书园"形式。"院"的纯粹性与读书时内省的精神性十分契合。本设计的价值，还在于书园原型尺度上的可变性，能适应城市中的不同地段与环境。

PS 教学备忘：本课程期间，我正在设计钟祥市博物馆，其中"园中之园"的构思与"书园"设计，虽在对待环境的意义上，一为融合，一为隔绝，但仍有不少共通之处，可见形式的多义性价值。

单军

概念分析

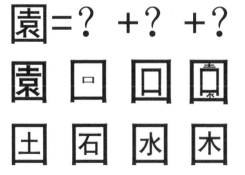

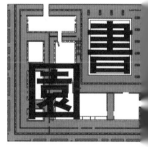

[**园林类型研究 园中园** PROTOTYPE STUDY]

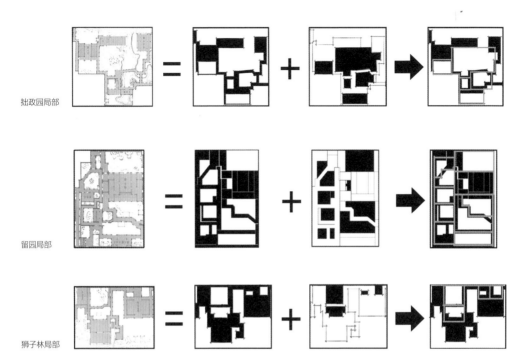

拙政园局部

留园局部

狮子林局部

最小构成单元 / 元空间

园林中的单个庭院局部基本由廊、墙、建筑组成，很少由建筑四面围合，一般建筑只占一面或一面半。围合元素分析：三维——压成几个二维的廊——最小的功能单位。

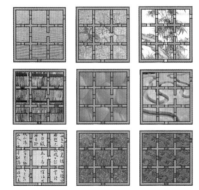

建筑	墙	廊	实例
1	0	3	留园还我读书处
1	1	2	拙政园海堂春坞
1	2	1	拙政园玉兰堂
1	3	0	狮子林燕誉堂
0	1（2）	3（2）	仅由廊与墙组成的小空间

书园的可生长性 / 适应性

书园里可以纯粹得只有一种材质，也可以是多种材质的可变组合。场地绿草的延伸，曲水流觞，枯山水，碎石冰裂纹样，甚至是锈迹斑斑的铜板，满地随手可及的书籍，地上写满的中国传统书法。

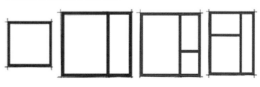

[书墙可变形性 MOBILITY OF BOOK-WALL]

书架采用古典园林花窗形式，延伸至屋顶，形成连续的墙，既起分隔作用又起景窗作用，抽出一本书便透出一幅风景。讲学区的书架设有转轴，空间灵活可变。

计成《园冶》关于廊的描述：

廊：廊者，庑出一步也，宜曲宜长则胜。古之曲廊，俱曲尺曲。今于所构曲廊，之字曲者，随形而弯，依势而曲。或蟠山腰，或穷水际，通花渡壑，蜿蜒无尽，斯寝园之"篆云"也。予见润之甘露寺数间高下廊，传说鲁班所造。

计成《园冶》关于墙的描述：

凡园之围墙，多于版筑，或于石砌，或编篱棘。夫编篱斯胜利花屏，似多野致，深得山林趣味。如内花端、水次、夹径、环山之垣，或宜石宜砖，宜漏宜磨，各有所制。

[书园功能组成 FUNCTION]

一层：看书区 / 朗读区 / 沙龙交流区 / 付款区 / 讲学空间

二层：走廊围观聆听大师讲学 / 看书区同时满足可置换性，院子的主题和内容都不是唯一确定的，有多套模式可供选择，甚至院子数量都可变。

地下层：厕所 / 后勤办公空间

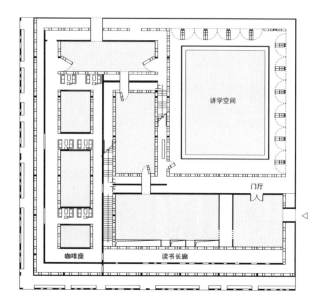

一层平面图

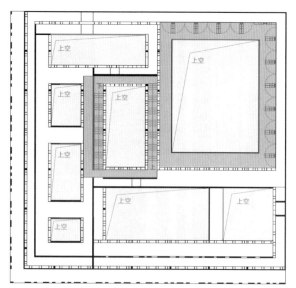

二层平面图

地下层平面图

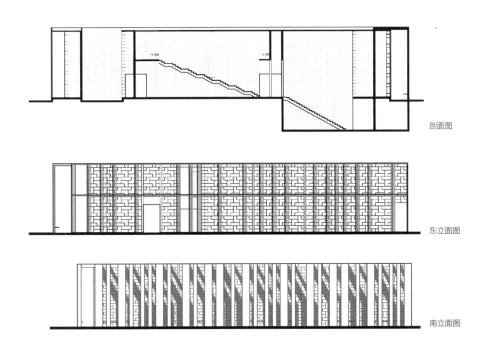

剖面图

东立面图

南立面图

[城市类型变体 EXTENTION]

书园片段插入：条状、L形、一院、多院、拓扑组合变形以适应城市各种形态的缝隙。

CBD 商务区：高楼林立，在楼顶立园，自由呼吸书卷与自然的清新。

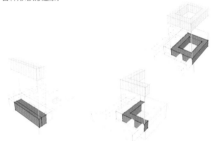

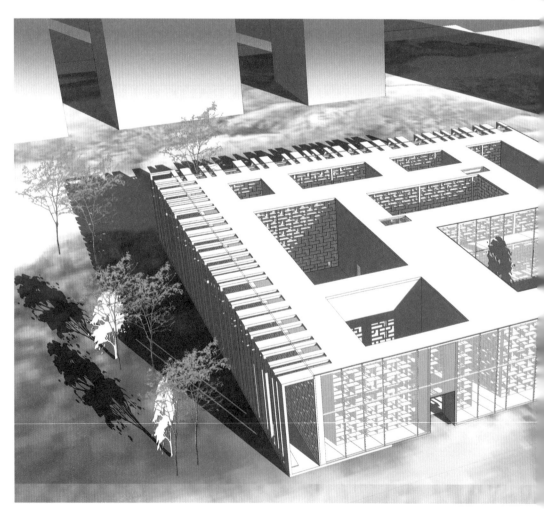

立起来：取景框，竖向垂直交通，三维向度的风景。

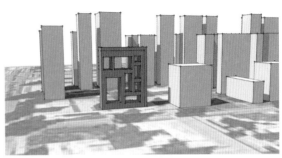

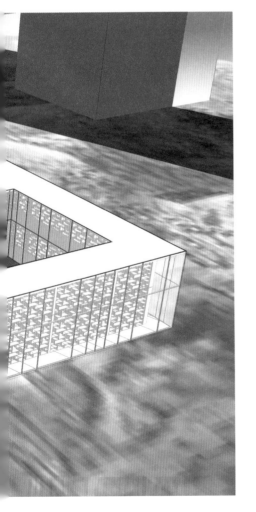

[学生感想 STUDENTS' FEEDBACK]

书店现状：囚于室内，渴望窗外绿色风景。

很多人都有一幅关于他所生活的城市的精神地图，这张地图上，标示的是这个城市所带给他的精神生活场所和记忆。在一个人关于城市的精神地图上，书店的标示一定是相当清晰的。书店是关于一座城市的记忆的延伸。

对于传统文人而言，江南园林是其精神归宿的空间原型。中国的古典文人向来喜欢与自然交融盘结，在无功利的自然风光的静照下，涤清心境，提升人格。

书·园，传统苏州园林的造园理念是本次设计的沉思背景，提炼廊、墙、门、窗等元素，以园中园的形式增加层次，通过空间营造在有限的环境中创造一个浓缩的自然环境。

05
绿环　GREEN RING

方案设计：陈茸　张健新
指导教师：单军
完成时间：2009

[概念综述 CONCEPT]

北京的城墙，城市规划的杰作，在中华人民共和国成立 20 年后被完全拆除。北京的历史背景已被破坏，只留下城市结构深深的伤痕。同时，现在的北京面临着许多典型的快速城市化导致的都市问题，其中，缺乏开放空间是北京迫切需要处理的一个问题。

我们设计的位于城市城墙旧址的线性公园将弥合历史的裂痕，提高现代生活质量。它通过不同的形式来提升周围的环境。沿着二环路，它连接了历史景点和其他城市资源，将所有功能整合在一起。时间和空间在历史文化名城的城墙旧址上交融，而活动就这样产生了。

The city wall of Beijing, as a masterpiece of city planning, was totally demolished within 20 years after the establishment of PRC. The historical context of Beijing has been destroyed, only leaving a deep scar on the urban fabric. Meanwhile, Beijing today is facing a lot of typical metropolitan issues under rapid urbanization. The lack of open space is one of the urgent problems that need to be dealt with.

The linear park that will be relocated on the original city wall's site can be the solution to bridge the historical gap and improve contemporary living quality. It comes in different forms as to fit into the surrounding environment. By connecting the historical interests together with other urban resources along the 2nd Ring Road, all the functions can be bounded into an integrity. Activities happen continuously while time and space merge on the foundation of the historical city wall.

绿环 GREEN RING

[教师点评 COMMENTS]

北京的城墙由于历史原因今天已经不可能再恢复了。但是由于城墙所具有的历史意义和记忆，以及二环在北京"轴网 + 同心环"的城市结构中的特殊地位，它们是否可以有城市交通之外的其他可能性呢？

本设计的价值在于，在二环沿线进行大量调研的基础上，提出了一个将城市历史和当代城市生活相结合的构想。二环沿线作为一个绿环的整体，不仅可以为北京城提供一个完整的绿化休憩、活动健身的场所，还能成为一个外来游客主要的游览定位系统。这一构想不仅仅是一种乌托邦式的图景，更是值得未来更多深入的研究。

PS 教学备忘：课程设计中关于城市与建筑、历史与当代的整体思考，对两位作者后来的发展产生了很大的影响。正如以优异成绩毕业于清华和 MIT 的陈茸所说："对历史文脉的尊重与对现实生活的关注，永远是我设计实践中优先考虑的因素。"

单军

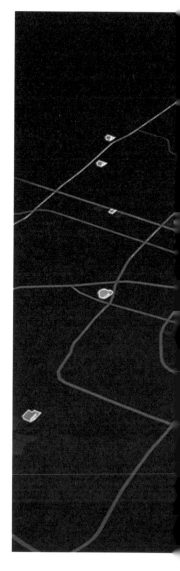

[建构与解构 CONSTRUCTION & DECONSTRUCTION]

北京城墙的生命线：2000 年和 20 年

Construction & Deconstruction
The Lifeline of the City Wall: 2000 Years vs. 20 Years

1000　　1200　　1400　　1600　　1800

Liao

Northern Song

Southern Song

Yuan Dyansty

Ming Dynasty

Qing Dynasty

Republic

1125

1264

1368

938 You Du State as Provisional Capital

1012 Xi Jin State

1153 Zhong State, Capital of Jin County

1215 Yanjing Sated after Massacre

1272 Da Du State as Capital

1264 Da Xing Safet of Zhongdu

1368 Beijing State

1369 Beijing as Army Post

1421 Beijing as Capital

1403 Beijing

1900 Open to Foreigners

1911 Beijing as Capital

1914 Jingzhao Area

1928 Beijing as Special City

1930 Beijing as Part of Hebei Province

1937 Beijing as Capital of Provisional Government of

1949 Beijing City after the Wei-capture of

[地段分析 SITE ANALYSIS]

确定问题：

自 1949 年开始的城市化以来，二环路周围发生了什么？
——需要绿化
——需要开放空间

Site Research
中国北京市

Location:
2nd Ring Road
Historical Site of the City Wall
Length:
32.6km
Method:
Bike and Walk
Duration:
6:30a.m-8:20p.m

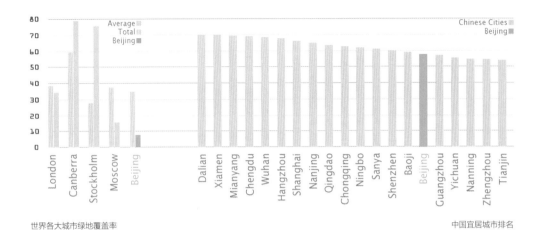

世界各大城市绿地覆盖率

中国宜居城市排名

二环周边
城市用地功能图

开放空间

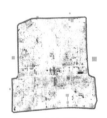

历史名胜

商业区

住宅区

类型学研究
历史与现在的结合
三种不同的城市城墙高度与宽度的情况
形成了一个沿着北京城墙旧址的线性开
放空间

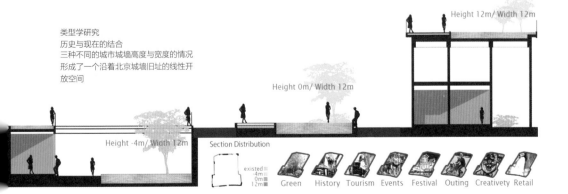

Height 12m/ Width 12m

Height 0m/ Width 12m

Height -4m/ Width 12m

Section Distribution

existed
-4m
0m
12m

Green History Tourism Events Festival Outing Creativety Retail

[案例设计 CASE DESIGN]

No commercials, no parks, no open spaces, just office towers.

类型 1：地下公园

地段：朝阳门

策略：

通过 CBD 区，绿环成为
一个地下通路。它可以
提供必要的零售店铺，
并为周围的办公建筑提
供更加人性化的环境，
同时也能够避免地面在
水平方向被截断。

12m

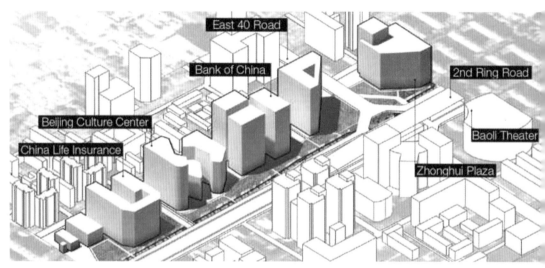

环境意向

39°55'25" N, 116°25'

类型 2：高地公园

也段：广渠门

策略：

绿环成为一个沿着住宅
区展开的 12m 高的公园，
以保护居民免受二环路
的灰尘、噪声干扰。它
将成为一个理想的日常
休闲娱乐之地，所有的
居民都可以受益。

No commercials, no parks, no open spaces, just high-rise apartments.

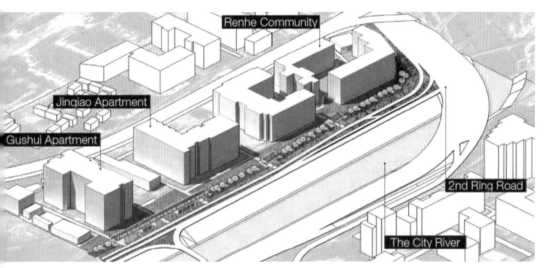

Renhe Community

Jinqiao Apartment

Gushui Apartment

2nd Ring Road

The City River

环境意向

39°53'35" N, 116°2

FRAGRANT HILLS HOTEL (NAT

SUMMER PALACE

DESH
DESHENGMEN

【学生感想 STUDENTS' FEEDBACK】

XIZHIMEN STATION

"绿环"只是多年来类型北京课程设计的众多作品之一，但就我个人而言，却是促使我从建筑走向城市尺度设计的关键契机。从开始课程设计，到参加 UIA 国际竞赛获奖，再到后来将其收入自己的申请及求职作品集，"绿环"方案贯穿了我整个大学后半段的设计生涯。尽管过去了五年，当初为了设计调研而"暴走"二环的情景还历历在目。

最初的构想是针对新的生活方式、商业模式做适应性模块设计，地段方面考虑过天桥或公交等城市内重复出现的元素，希望设计的最终意义体现在这些"点"的集合体之上。为了反映所谓的都市复杂性，目光主要集中在二环内。随着头脑风暴的深入，总觉得缺乏一种足以夯实设计本体的元素。直到某一次课上有位评委老师问："为什么不把点连成线？既然要做二环这一带，那为什么不挖掘一下二环的历史内涵？"当时绝不会料到，这一个问题不仅改变了这门课的设计内容，也开拓了我从此看待建筑及城市的视野。

FUCHENGMEN STATION
ZOO

随后为了设计，我和搭档决定详细研究北京建城历史，以挖掘二环城墙蕴涵的深厚文脉。为此，我们"暴走"二环，细致描绘将当代风貌与古代历史不断交叠，挖掘北京内环空间的种种得失，考察物质形态对京城百姓生活的深远影响，同时研习海内外成功的线性开放空间案例。从而不仅使"绿环"设计具备了一定深度，更使我自己从中体会到建筑及村落与城市之间的密切关系，意识到改造物质环境的设计师应具备的眼界胸怀。最重要的是，我学会从有形的物质空间里体会到了支撑灵魂的无形文脉。

THE TEMPLE OF MOON

一言蔽之，就是个人的关注重心开始彻底转移。这次设计引发了我对传统文化和空间结合的浓厚兴趣，对城市肌理的迷恋引我走上了规划的道路。时至今日，身处大洋彼岸旧金山SOM办公室里，一边屏幕是手头正在规划的项目，另一边则是正在编辑的这篇文档，不禁感慨万端。

G
FU
MIN
C
XINRU
L

我相信无论未来设计的项目规模如何，无论地段是否在中国，对历史文脉的尊重与现实生活的结合永远是我优先考虑的因素。

AGODA OF THE
OF HEAVENLY
UILITY

北京绿环 · 绿色北京

绿环本身是一个开放的空间，一个线性多功能城市平台，通过将所 urban 有可能的城市功能结合在一起。绿环将吸引人们前来，增强城市活 d, thus 力。随着时间的推移，绿环周围的资源将形成一套系统，为自身提 form a 供更好的城市环境。历史将以这种新时代的表现形式焕发出其新的 hininig 光彩。

GRAND

THE WATER CUBE
(National Aquatics Center)

THE BIRD NEST
(National Stadium)

MOMA

Temple of Earth

Dongzhimen Sta

Gulou Xidajie Park

Confucian Temple

Imperial Academy

Houhai

Bell Tower
Drum Tower

Court Yard District

ngzhuang Station

Dongsishitiao Statio

White Dagoba

haoyangmen Statio

The Forbidden City

Alter to the S

CCTV Headquar

Tiananmen Square

National Theatre

The Turret

en Station

Ming City Wall Relics

Wall Relics

Yard District

Beijing Amusement Park

us Pavilion ParkTemple of Heaven

Garden

Yongding Gate

Panjiayuan

Sunday Mark

06
定位　GPS

方案设计：王钰　李若星
指导教师：程晓青
完成时间：2009

[概念综述 CONCEPT]

北京是聚集各方人才的宝地，人才招聘问题是北京最重要的问题之一。人才招聘是连接人才和聘用方的纽带，小至百姓生活、大至社会发展，人才招聘问题都有很大的影响力。美国、澳大利亚、日本等一些发达国家的招聘方式比中国现有的招聘方式更多样，然而人才市场不但在这些国家仍然存在，而且近年有日趋兴盛的态势。这证明了人才市场这种招聘模式的生命力和必要性。

我们通过研究多种定位系统的原理，找到了一种"人才定位系统"。我们将x、y、z分别设为专业、薪水和其他，通过三个维度的定位可以让求职人迅速准确地找到工作。利用这个人才定位系统的逻辑，生成新的人才市场的空间原型，以解决上述提到的若干问题。

Beijing is a treasured place that gathers talents from all walks of life. Talent recruitment is one of the most important issues for Beijing because recruitment is the tie between talents and employers and has great influence on people's lives and even social development. Recruitment modes are more diversified in United States, Australia, Japan and some other developed countries than in current China, and the talent market is not only present in those countries but also has been increasingly flourishing in recent years. This manifests the vitality and necessity of the recruitment mode of talent markets.

We have found a "talent positioning system" through the study on various positioning systems. We assumed x, y, z as the profession, salary and others to facilitate talents to find jobs quickly and accurately by the three-dimension positioning. With this talent positioning system, we can create new space prototypes of talent markets to solve issues mentioned above.

定位 GPS

[教师点评 COMMENTS]

选题来自于学生对北京人才招聘会和人才市场的亲身体验，现有此类活动缺乏固定场所，往往定期依托大型体育或会展设施举行，是很多企业招募人才和年轻人实现就业理想的重要机会。然而，由于没有针对性的空间组织，焦急迫切的心情与拥挤混乱的空间往往困扰着招聘者与求职者。

本设计探索的核心是建立一种便于寻找和定位的秩序空间，作者借鉴 GPS 的理念，提取招聘者与求职者共同关注的重点——行业和薪酬作为水平与竖直两组坐标体系，令每个招聘单元一一就位，塑造出金字塔式空间原型，求职者可以根据行业类型和薪酬高低快速确定目标，减少了在空间中的迷失与徘徊。招聘单元金字塔采用倒挂式的结构方案是设计中的又一处妙笔，借此在入口大厅形成便于人流集散的宽阔空间和易于发现目标的清晰视野

方案从探索空间原型出发，摒弃了具体形式和功能的干扰，其启发意义并不仅限于人才市场这一特定的建筑类型，对于博览和会展等相关建筑同样具有参考价值。

程晓青

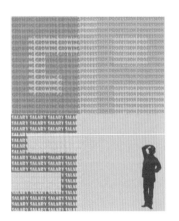

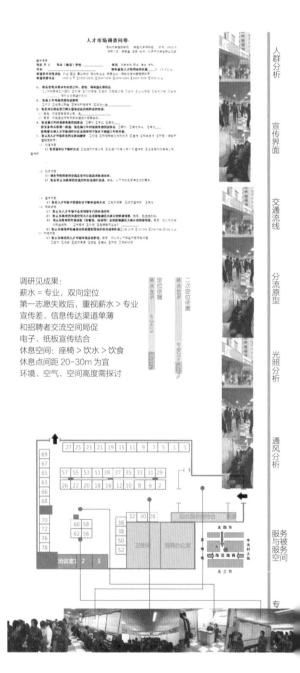

调研见成果：
薪水 = 专业，双向定位
第一志愿失败后，重视薪水 > 专业
宣传差，信息传达渠道单薄
和招聘者交流空间局促
电子、纸板宣传结合
休息空间：座椅 > 饮水 > 饮食
休息点间距 20-30m 为宜
环境、空气、空间高度需探讨

[选题成立＋调研分析 RESEARCH]

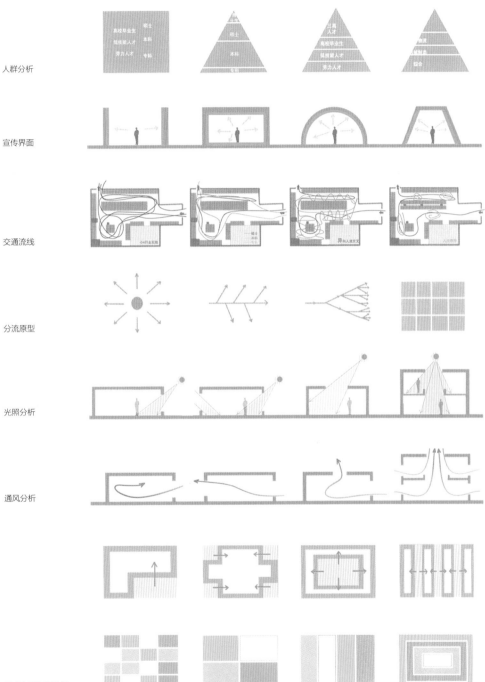

人群分析

宣传界面

交通流线

分流原型

光照分析

通风分析

服务与被服务分析

[X、Y、Z定义 DEFINITION OF XYZ]

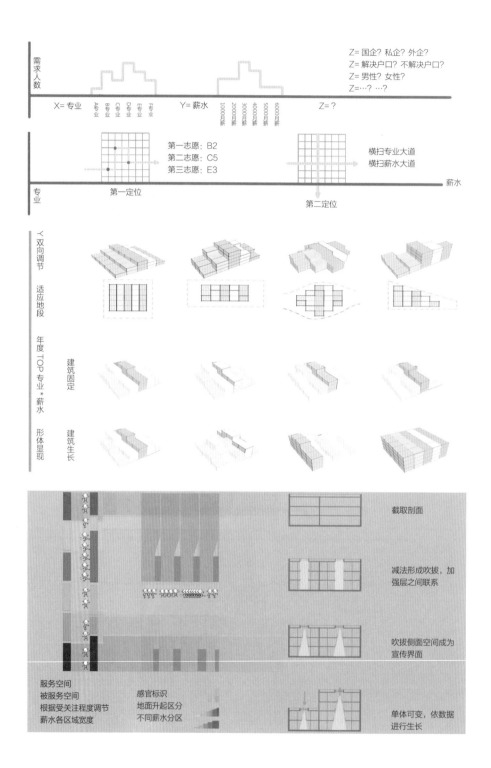

[XYZ 网格变化 CHANGE OF GRID]

正置 VS 倒置
明显的优势

虚空间接地
提高利用率

纳入视线
形体显示趋势

利于生长
地面较屋面构造更
简单搬运更便捷

提供闲逛
打破理性空间

点一点直达
地面层定位纯化功能
空间

解放底层空间
增加宣传界面

[选址分析 SITE ANALYSIS]

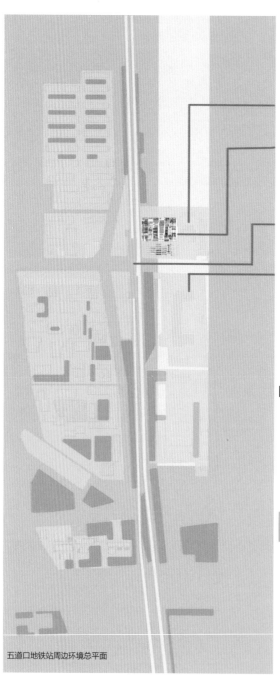

电影院西侧,高薪一侧停车场与电影院停车场
结合
位于八大高校地理位置的几何中心,形成最短路
径的辐射圈
原地段危房旧房较多,景观环境极差,属于地铁
沿线负空间

城铁站旁边,有利于求职学生便利到达,人流量
大,广告效益大

大型商场对面,两侧广场结合提供宜人休息
环境

五道口地铁站周边环境总平面

[时间轴 TIMETABLE]

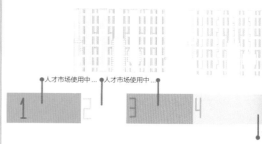

人才市场使用中... 人才市场使用中...

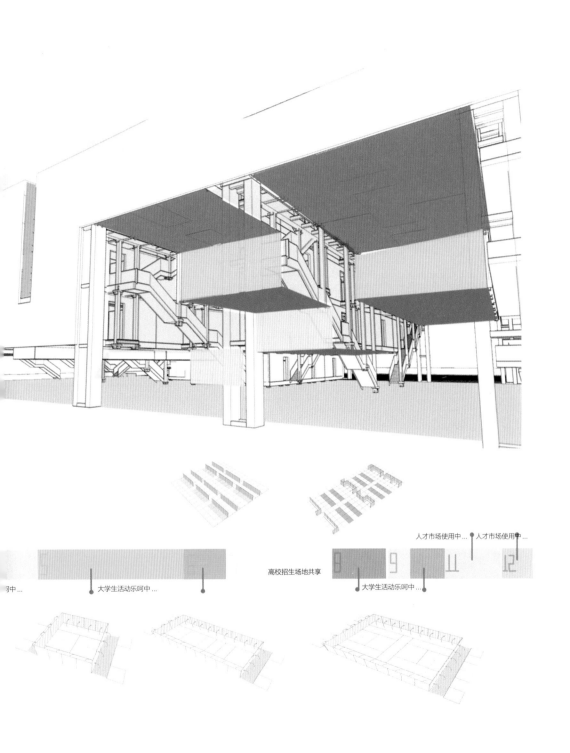

高校招生场地共享

人才市场使用中... 人才市场使用中...

大学生活动乐呵中...

呵中...

大学生活动乐呵中...

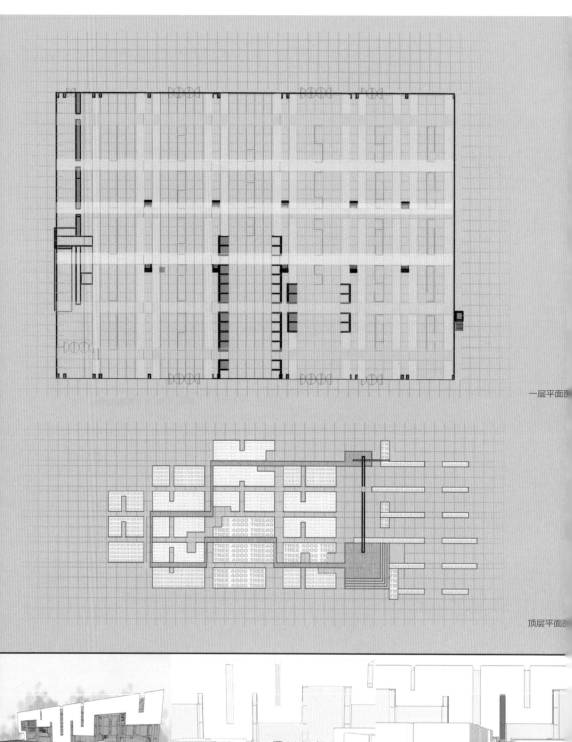

一层平面图

顶层平面图

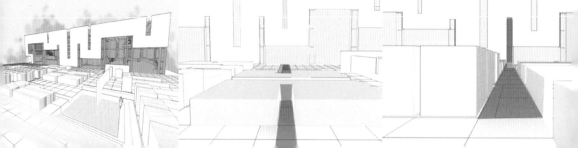

[结构 + 生长 STRUCTURE]

悬挂结构：由桁架承受所有的荷载，
将所有的单元单体悬挂在桁架上。

生长方式：当实际需求需要生长的时候，
只需按最初建造的过程再添加一定数目
的单元单体即可。

结构生成过程：
1. 从桁架上悬挂吊杆
2. 在吊杆上固定薪水吹拔方向的主梁
3. 在主梁上固定专业路方向的次梁
4. 铺设地面层
5. 固定吹拔方向竖墙
6. 用保护材料封闭楼板侧面
7. 固定公司间隔板和栏板
8. 将单元单体和两榀桁架装配成薪水吹拔，
再将六个吹拔间固定，生成整体

服侍空间：
与用功能区剩余空间
理性控制，易于寻找

宣传界面：
公司背面 = 服侍空间界面
= 增加一对一宣传界面
新增吹拔栏板，可视性强

交通流线：
定位路线，高效查找
减少交通空间人流量

专业分区：
多专业并置，颜色暗示
形成专业大道

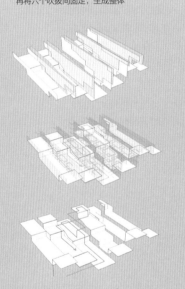

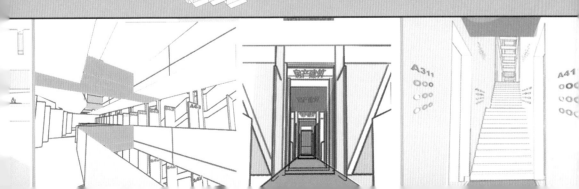

[学生感想 STUDENTS' FEEDBACK]

类型北京是清华建筑设计课程中的另类，它要我们思考建筑类型与社会问题之间的关系。有两条路线可选：一是先选取一个有潜力的建筑类型（空间类型），分析它的空间特性，再找到与它契合的社会需求；二是先定位一个现有建筑类型不能解决的社会需求（问题），再在建筑领域中寻找能解决问题的建筑类型。我们理解第一条路线的危险在于建筑类型与社会需求的对位不紧密，可能缺乏原创性，第二条路线的危险在于找到的社会问题可能是建筑学无力主导解决的。相较两者，我们更想要挑战给问题找答案的路线，它更让人兴奋。

设计过程中的坎儿在三个地方，先是找到缺乏特定建筑类型的社会需求，再是找到满足它的建筑类型，最后是找到与之匹配的建筑语言。我们最困难的地方在于找到 X、Y、Z 坐标系统作为人才市场的寻路逻辑之后，难以将 X、Y、Z 坐标系统呈现为建筑语言。曾经止步在室内标识系统的设计中，险些找不到出路。当时单军老师和程晓青老师也跟我们一起憋方案，设计课变成了充满期待的探险，琢磨着今日会穷途末路还是峰回路转？最后的解决方法是对 X、Y、Z 的重要性进行进一步分级，最重要的 X（专业）以贯穿所有楼层长条中庭表达，其次的 Y（薪水）以与中庭垂直的路径表达，再次的 Z（户籍、位置等）以垂直楼层表达。

类型北京是对逻辑的挑战，在其中我们重新思考了建筑类型的特性和意义，也思考了建筑对于社会生活的意义和价值。其中的兴奋和沮丧强烈得让人难以忘记。

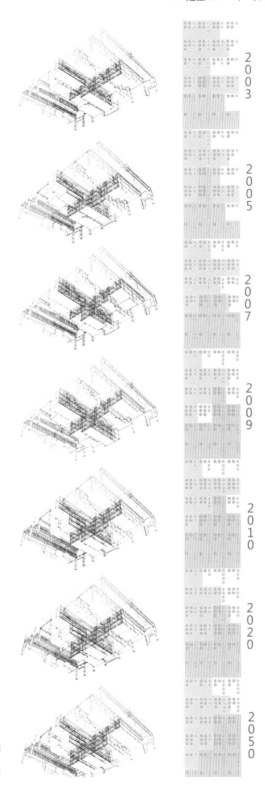

[生长法则 GROWTH]

X= 薪水火热程度值 (1,2,3,4)
Y= 专业火热程度值 (1,2,3,4,5,6)
当 X=1, 4, 且 IX-YI<3 时，code=minIX，YI
当 X=1, 4, 且 IX-YI>3 时，code=minIX，YI + 1
当 X=2, 3, 且 IX-YI<2 时，code=minIX，YI
当 X=2, 3, 且 IX-YI>2 时，code=minIX，YI + 1

07
灰线　GREY LINE

方案设计：韦诗誉　刘隽瑶
指导教师：程晓青
完成时间：2010

[概念综述 CONCEPT]

北京就像一个重写本，在不断的建设中，土壤被层层叠加。虽然旧的街道和建筑已被抹平，但如果我们用土壤探测的方法来审视北京，或许北京地下还留有历史的痕迹。

在北京的建设规划中，已经存在红线、绿线等从科学角度对城市建设进行限制和规范的线，我们从历史角度定义一种新的规控线——灰线。

灰线是在国家历史文化名城或区域内，原有街道肌理（或重点建筑轮廓）的位置线。区别于其他的控制线，这种线在视觉上可见，以此来提醒人们该城市和地区过去的建设格局（历史的纪念性）。并且，在以后的城市更新中，该线将指导保护城市肌理的建设行为。

Just like a palimpsest, Beijing has superimposed soil due to constantly building. While old streets and buildings have been razed to the ground, if observing Beijing through soil exploration, we may find historic traces in Beijing's underground.

In Beijing's construction plan, there have already been red or green lines that can restrict or regulate urban construction from a scientific perspective, but we should also define a new control line from a historical perspective gray line.

Gray Line is the position line of the original street texture in a national historical and cultural city or region. Different from other control lines, this line is visible and can remind people of the past construction pattern in the city or region. Moreover, in subsequent urban renewal, this line can guide construction practices of protecting the city texture.

灰线　GREY LINE

[教师点评 COMMENTS]

当我们制定城市的红线、蓝线、绿线等诸多控制线时，目的是优化和秩序化当代的城市空间和都市生活。然而，一个城市的魅力，不仅在于当代，更在于其千百年来的历史积淀。当一个个四合院被拆除，在空地上划出新的红线并建起新的大楼时，我们是否应该对北京这座具有三千多年建城史和一千多年建都史的六朝古都的历史有所交待呢？

可以说，"灰线北京"不仅提出了一个有创意的设计，也不仅是给北京或其他历史城市的主管部门提出了一个有价值的建议，更重要的是，它倡导了一种尊重和敬畏历史的态度，这种态度的意义要大于其具体的设计。也因此，尽管本案在设计和表达深度上还略显不足，但我们仍然要给予其最大的赞赏和掌声。

PS 教学备忘：从学生到课程助教，从对历史城市的关注到对国内外传统聚落的研究，随着角色的变化，相信作者始于灰线对历史的思考有了更多的感悟。

单军

在北京，为了建起现代的摩天楼，往往要下挖很深的基坑。工地的基坑反映了北京正在不断更新生长的过程，由空地、平房、胡同、四合院变化成写字楼、住宅楼等。同时，随着基坑的土壤被搬运出城市，泥土里所包涵的城市记忆也一同被丢弃。

北京灰线图

[前期分析 UP-FRONT ANALYSIS]

说明：将民国时期的北京地图与现在的地图融合，寻找及确定出胡同的位置，图中发光的点表示胡同位置被建筑覆盖的位置。

城市规划各类控制线的定义

	名称	定义	时间
	红线	城市规划区内依法规划、建设的城市道路两侧边界控制线，包括规划和已建成的城市主/次干道、国道、省道、高速公路、供水、排水、燃气、电力、电信、管沟、消防疏散通道、防洪堤等内容	1987
	绿线	城市规划区内各绿地范围的控制线	2002
	紫线	国家历史文化名城的历史文化街区和省、自治区、直辖市人民政府公布的历史文化街区的保护范围界线，以及历史文化街区外经县级以上人民政府公布保护的历史建筑的保护范围界线	2003
	蓝线	城市规划确定的江、河、湖、库、渠和湿地等城市地表水体保护和控制的地域界线	2005
	黄线	对城市发展有全局影响的、城市规划中确定的、必须控制的城市基础设施用地的控制界线	2005
	橘线	为了降低城市中重大危险设施的风险水平，对其周边区域的土地利用和建设活动进行引导或限制的安全防护范围的界线	2009
	黑线	规划给排水、电力、电信、燃气施工的市政管网	2009
	灰线	在国家历史文化名城或区域内，原有街道肌理或重点建筑轮廓的位置线	

北京不同区域的灰线特点

1. 金融街区域

为明清金城坊，平民的居住区，少有几座王府。

自 1993 年提出在阜成门至复兴门一带建设国家级金融管理中心，经过统一规划后，超高层写字楼拔地而起。

2007 年，金融街建设完成，有数据显示，十年间，金融街消失了 50 条胡同。

2. 王府井区域

自 1903 年东安市场建成，逐渐发展成北京著名商业街。

1955 年，北京百货大楼建成，开始了大型商业建筑的大规模建设。

1996 年，王府井进行扩建改造，这片区域内几乎所有胡同遭到破坏。

3. 北京火车站区域

位于内城北城的东南角，原为平民住宅区，沿城墙有泡子河。

北京站建成于 1959 年，由于火车轨道铺设和进出火车站的交通问题，大多数胡同因为道路原因被拆除。

4. 崇文门外区域

崇文门外花市大街早期为繁华的商业街，为平民居住区。

自 20 世纪 90 年代房地产开始起步，这片区域先后建成多处高档的多层住宅小区，所有的胡同都遭到拆除。

[案例设计 CASE DESIGN]

"灰线"案例1：

普遍·状况
"灰线"沿线环境复杂或拥挤，只适宜在地面表示"灰线"

沿"灰线"标识的位置

沿"灰线"标识的设计

"灰线"平面图

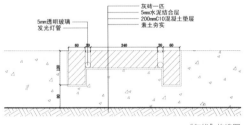

"灰线"构造图

设计思路：
根据民国时期的地图和其他文字资料，对北京旧城内所有的胡同进行位置的确定，用"灰线"将胡同两侧的界面画在地上。
"灰线"由灰砖铺设而成，并与其他铺地区分开，在"灰线"两侧，间隔设置了带有胡同名称的标识牌。夜晚，沿着"灰线"埋设的灯管发光，北京旧时的胡同将会在现在的街道上浮现。

"灰线"案例 2：

带状·楼间
"灰线"位于建筑间的带状空地并与建筑走向平行

地段位置：
广渠门内大街富贵园小区
现状：住宅区内居民楼之间的绿化休闲空间，步行道在带状空间两侧
原有胡同状况：一条东西向胡同横穿整个带状空间

设计思路：
住宅楼的走向与以前胡同相同，"灰线"横穿楼间绿化带。
通过对绿化带的重新设计，将"灰线"表示的原有胡同作为楼间主要步行交通，强调出胡同的位置；并在"胡同"的两侧加入一些灰墙、垂花门、树等要素，在不干扰居民的日常生活的前提下，尽可能提示出胡同两侧连续的界面。

2003 年前，胡同原有的状况

2004 年，富贵园一期，拆除小段胡同

2005 年，富贵园二期在建，开始大面积拆迁

2007 年，富贵园二期建完，胡同完全消失

现状平面图

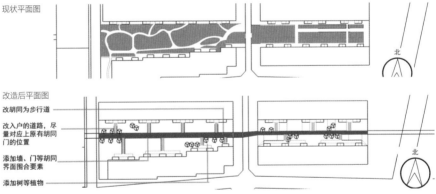
北

改造后平面图

改胡同为步行道

改入户的道路，尽量对应上原有胡同门的位置

添加墙、门等胡同界面围合要素

添加树等植物

北

"灰线"案例 3:

带状 · 广场
一条或多条平行"灰线"位于较开阔的带
状地区

地段位置：阜成门南大街东侧
现状：沿二环绿化带，兼有休闲广场
功能，紧邻金融街超高层办公楼
人流情况：午饭时间及下班后人流量
密集
原有胡同状况：一条南北向胡同贯穿
绿化带，中间有少量横向胡同穿插
改造后功能定位：商业休闲区

胡同的空间：通过对北京规划保护区的
调研，分析了宜人的胡同尺度。同时提
取出墙、树等限制人视线的元素，在地
段中结合"灰线"加以运用。

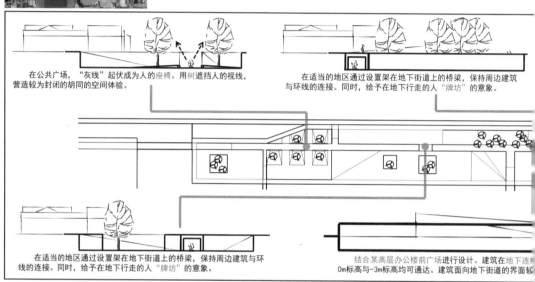

在公共广场，"灰线"起伏成为人的座椅。用树遮挡人的视线，营造较为封闭的胡同的空间体验。

在适当的地区通过设置架在地下街道上的桥梁，保持周边建筑与环线的连接。同时，给予在地下行走的人"牌坊"的意象。

在适当的地区通过设置架在地下街道上的桥梁，保持周边建筑与环线的连接。同时，给予在地下行走的人"牌坊"的意象。

结合某高层办公楼前广场进行设计。建筑在地下连接
0m标高与-3m标高均可通达。建筑面向地下街道的界面较

设计思路：
所选地段现为绿化广场，周边为超高层写字楼，使用人群主要为上班族，人流密集时间较为固定。
考虑景观需要及使用人群的需求，在 0m 标高上保留原有的绿化广场功能，将新增商业店铺埋入地下，同时结合宫庙遗址设置
公共开敞空间。利用原有胡同界面在地下商业区内围合近人尺度的街道，0m 标高上周边建筑和环线借助架在地下街道上的桥
梁连接。地下商业休闲区与地面绿化广场各有独立的步行系统，在原有胡同的交叉点可互相通达。

各类节点平面剖面图

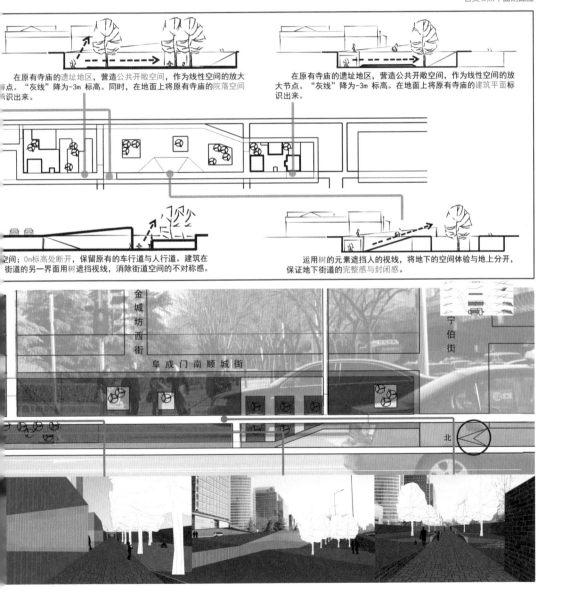

在原有寺庙的遗址地区，营造公共开敞空间，作为线性空间的放大
节点。"灰线"降为-3m 标高。同时，在地面上将原有寺庙的院落空间
标识出来。

在原有寺庙的遗址地区，营造公共开敞空间，作为线性空间的放
大节点。"灰线"降为-3m 标高。在地面上将原有寺庙的建筑平面标
识出来。

空间；0m标高处断开，保留原有的车行道与人行道。建筑在
街道的另一界面用树遮挡视线，消除街道空间的不对称感。

运用树的元素遮挡人的视线，将地下的空间体验与地上分开，
保证地下街道的完整感与封闭感。

金城坊西街

阜成门南顺城街

宁伯街

北

"灰线"案例 4：

交错·广场
多条"灰线"交错于开阔地区

地段位置：
金融街购物广场
现状：绿化广场，紧邻金融街超高层办公楼
人流情况：以上班族为主，午饭时间及下班
后人流流量密集
原有胡同状况：多条胡同纵横交错
改造后功能定位：商业休闲区和绿化广场

设计思路：
所选地段现为金融街购物中心前广场。这
个广场是上班族午饭时间和下班后的主要
活动空间。考虑使用人群的需求，将绿地
沿"灰线"界面逐渐抬高。在高度满足要
求的底部空间设置商业店铺。同时，抬高
的绿地仍可供人休闲，保留原来的公共广
场功能。

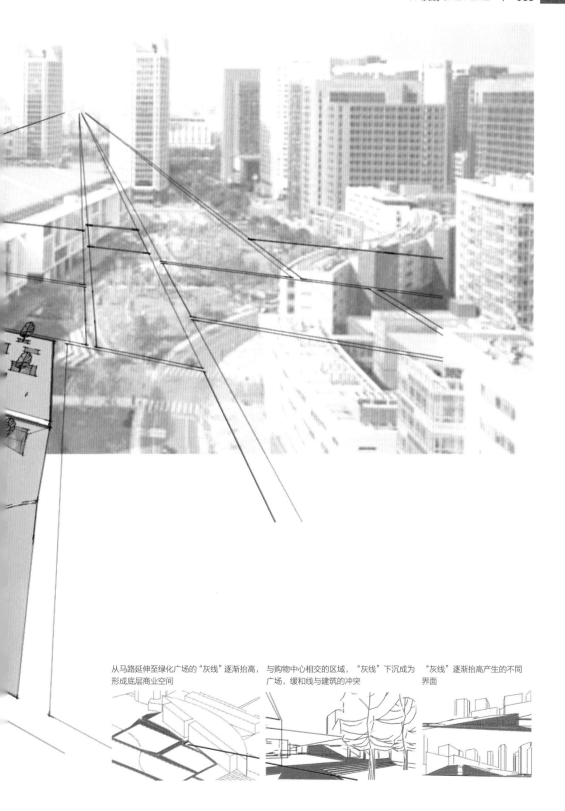

从马路延伸至绿化广场的"灰线"逐渐抬高，形成底层商业空间

与购物中心相交的区域，"灰线"下沉成为广场，缓和线与建筑的冲突

"灰线"逐渐抬高产生的不同界面

[类型推广 EXTENSION]

灰线的分类及图例说明

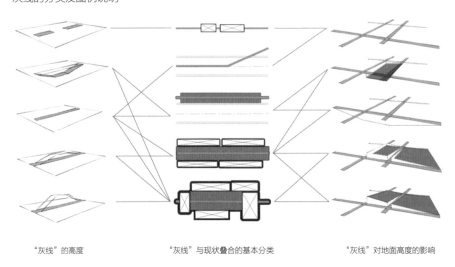

"灰线"的高度   "灰线"与现状叠合的基本分类   "灰线"对地面高度的影响

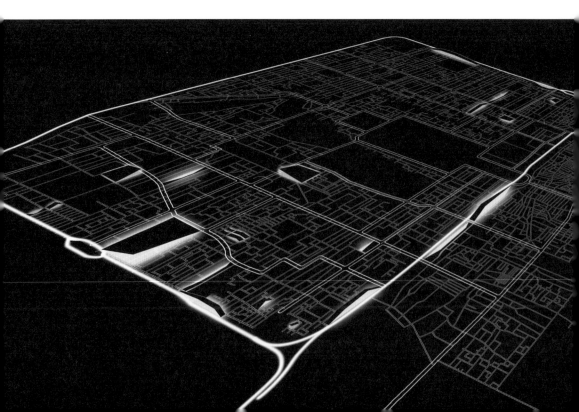

以"灰线"为控制的非保护区街道规划

车行道路   人行道路

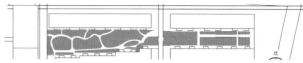

非保护区内的街道规划

对 33 片历史文化保护区之外的地区进行道路规划，尊重原有胡同肌理，尽可能保留原来的胡同和街道，禁止大范围的拆改胡同道路大修大建的行为。并且，在规划的道路与过去的胡同之间交叉的区域，根据地段具体情况，面对未来的街道功能进行节点设计。实行"人车双尺度"的城市空间模式，以解决现代的车行交通方式与历史的城市尺度之间的矛盾，为居民提供符合尺度宜人的街道空间。区分出步行和车行街道，按照人的视线角度确定两侧建筑物的限高，严格控制步行道两侧的界面的围合高度，营造连续的界面感。

以"灰线"为控制的保护区节点改善

保护区内的节点改善

在北京旧城 33 片历史文化保护区内，进行节点设计以改善居民的公共生活设施。遵循原有棋盘式道路和胡同——四合院的空间形态的原则，对沿着"灰线"的较开阔空地进行建设，或者对少量保存状况不好的建筑进行改造，为保护区内居民提供社区服务中心、老年人活动中心、小型绿化广场等公共活动空间和卫生设施。

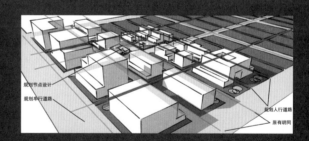

规划节点设计
规划车行道路
规划人行道路
原有胡同

纳入法规的灰线管理条例：

第一条　为了加强对城市原有街道和历史格局的保护，增加城市对历史的记忆，促进城市在发展过程中尊重历史，根据《中华人民共和国城市规划法》，制定本办法。

第二条　本办法所称城市灰线，是指在国家历史文化名城或区域内，原有街道肌理或重点建筑轮廓的位置线。城市灰线的划定和管理，应当遵守本办法。

第三条　划定城市灰线，应当遵循以下原则：

（一）统筹考虑城市历史街道和格局的整体性，改善城市保护状况；

（二）与同阶段城市规划的深度保持一致。

第四条　在城市灰线内禁止进行下列活动：

（一）违反城市灰线保护和控制要求的建设活动；

（二）擅自改动城市灰线。

第五条　建筑物的台阶、平台、窗井、地下建筑及建筑基础，除基地内连通城市管线以外的其他地下管线不允许突出灰线。允许突出灰线的建筑突出物：1.在人行道地面上空：(1)2 米以上允许突出窗扇、窗罩，突出宽度不大于 0.4 米;(2)2.50 米以上允许突出活动遮阳，突出宽度不应大于人行道宽度减 1 米，并不应大于 3 米;(3)3.50 米以上允许突出阳台，凸形封窗、雨棚、挑檐，突出宽度不应大于 1 米;(4)5 米以上允许突出雨棚、挑檐，突出宽度不应大于人行道宽度减 1 米，并不大于 3 米。2.在无人行道的道路上空 (1)2.50 米以上允许突出窗扇、窗罩，突出宽度不大于 0.4 米;(2)5 米以上允许突出雨棚、挑檐，突出宽度不应大于 1 米。

[学生感想 STUDENTS' FEEDBACK]

类型北京的设计作为第一个不定设计地点、不定设计功能的学生作业，我们在选题上遇到过一些问题和反复，花费了大量时间（基本是设计过程的前一半时间）。但四年之后回头看，也正是在选题上的几次推进、调整，对所关注问题的坚持、梳理以及有限解答，帮助我们形成了一套找出问题—分析问题—解决问题的逻辑思维能力。这是不论在建筑尺度还是城市尺度的设计问题中所通用的思维方式，也是我认为这个设计课程最有意思、有挑战的一点。因此，特记录下我们在选题中的繁琐事件。

最初，我们关注的是"地下北京"，受《地下城市》一书以及观察到的北京冬日井盖上冒蒸汽这一现象的启发，我们想在这个设计中展现出不被日常所能观察到的、地下的北京是什么样子，这个出发点得到了老师的支持。

之后，为了能找到设计要表达的具体内容，我们尝试在城市里寻找北京地下的印记，是地铁、防空洞、地下管道还是什么。找到最后，最让我们触动的是工地和基坑：我们看到土壤被挖掘、被掀起然后被抛弃，这个地点"地下北京"剩下的是虚无。进一步，我们将土壤、记忆和历史叠加在一起，再加上《城记》一书的影响、考古学对土壤探测的方法等，我们将关注点锁定在了历史的、地下的北京，设计范围也初步定在了北京旧城。

接下来的过程略有纠结和反复，我们一直在思考如何通过设计的语言表达出我们的主题。过程中有过多轮方案，比如说在某些被拆除的城门或牌楼位置，通过现代形式的地景设计、照明设计，提示并部分反映出历史的痕迹等，但都因不够贴近关键词、不够贴近我们想表达的城市普遍记忆，也都搁置。

直到后来，受《空间·符号·城市》一书"边界原型"的启发，我们才开始明确，线性要素——胡同及街道是历史北京的空间基础元素，胡同的记忆才是我们要表达的地下的、历史北京的记忆。我们试想，如果用土壤探测的方法来探测北京二环里的土地，那呈现出的无疑是一张铺满纵横街巷的地图；如果走在金融街、长安街上的人还能感受到历史胡同的印记，那也是很好的城市体验。将这一想法和老师沟通，得到了老师的进一步指导和梳理，提出了概念——"灰线"北京，我们也总算为设计找到了一个具有系统性、可操作性、可表达的对象。

当设计主题和表达目的想清楚，设计过程也逐渐清晰。通过比较北京现状和历史北京的街道肌理，我们归类了多种不同的地段类型，并尝试了一些设计手法，来重塑胡同肌理和胡同界面。通过空间手段解决问题、或者说将问题回归到空间范畴，我想这是建筑师所能做得最好的事。

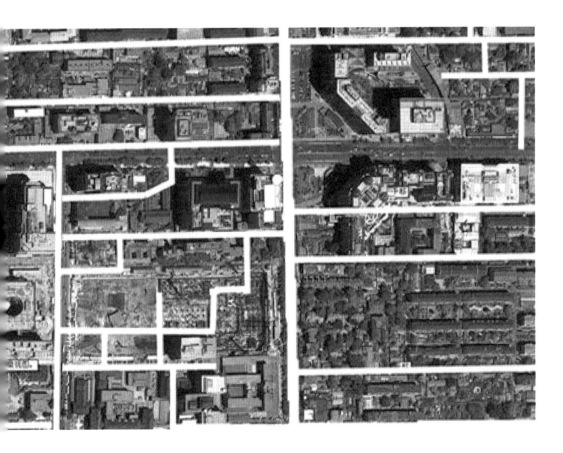

08
镜像北京　MIRROR BEIJING

方案设计：宋壮壮　曹梦醒
指导教师：张悦
完成时间：2010

[概念综述 CONCEPT]

北京是一座千年古都，但如今其中历史建筑的生存状况却不尽相同。在一些地方被划作历史文化保护区的同时，另一些区域的历史则在快速的建设中消失。这些非保护区中不乏具有重要意义的历史建筑，但在现代的城市中，它们很容易被人忽视。这种忽视包含两个层面：视觉上的和情感上的——人们即使能够看到这些历史的存留，也不会感到它们与自己之间存在联系。

在此设计中，通过一些以镜面为核心的空间设计，我们尝试使这些历史建筑重新与人发生联系。我们在北京金融街周边布置了十一面镜子，并改造了一座八层办公楼的立面来反射并强调三座金融街周边的历史建筑。

Although Beijing is an ancient capital with several thousand years of history, the current state of historic buildings is not the same. Some places have been listed into historical and cultural conservation areas, while other regions are disappearing under rapid construction. Some of the historical buildings in those non-protected areas are of great significance. However, they are easily overlooked in the modern city.This neglect is reflected in two aspects: visual and emotional. Even if people can see these historical heritages, they will not feel there is a link between these heritages and them.

Through space design with mirror face as the core, we try to make these historic buildings reconnected with people.We set 11 mirrors around Beijing Financial Street and transformed the facade of an eight-story office building to reflect and emphasize three historic buildings surrounding the street.

镜像北京　MIRROR BEIJING

[教师点评 COMMENTS]

以镜像的方式来作为一种历史遗产保护的类型，无疑是反讽的。然而，在当前中国快速城镇化浪潮下，那些承载人们记忆的物质实体空间不断消亡，才使得"镜像"在本作业中成为一次建筑师关于历史遗产保护的无奈的呐喊。

"镜像"设计，是以现代城市中残存的历史建筑为目标物，以城市公共空间中的精巧镜面设置为设计手段，在更多角度、更大范围内镜像出这些历史建筑的虚像，呈送给城市路口、街边花园、公共车站、建筑入口等处驻足停留的人群，从而以一种新旧叠合、虚实冲突的空间艺术呈现方式，提醒人们关注那些被遗忘的历史建筑和记忆。

除了上述街头装置小品之外，一处大尺度的镜子墙广场，无疑是本设计的高潮所在，许多不同反射角度、映射着各处残存四合院的镜像，将一个个记忆碎片在此处会聚成一种强烈的蒙太奇叠加，形成震撼的效果。

张悦

概念分析

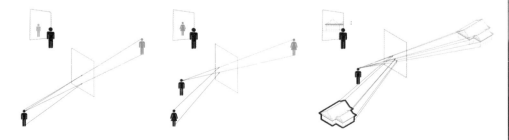

[地段分析 SITE ANALYSIS]

金融街（A）是北京第一个大规模整体定向开发的金
融功能区。它的发展已经导致许多历史建筑物被拆
除。现在只有三座遗存：吕祖宫殿（1），一个古老
的四合院——学院胡同 35 号院（2）和都城隍庙寝
祠（3）。

1. 吕祖宫

2. 老四合院

3. 都城隍庙寝祠

我们分析了区域内障碍物对行人的视线影响，分别得到三座历史建筑的可视区域和不可视区域。它们叠合后的结果显示了在金融街地段中看到古建筑的不同的几率。在这一阶段，设计的目的是尽量让完全无法看到历史建筑的区域可以与古建筑的镜像形成通视，即"点亮黑区"。

吕祖宫的可视区域

老四合院的可视区域

都城隍庙寝祠的可视区域

[前期实验 EXPERIMENT]

光反射实验

用三个灯泡代表三个历史建筑

利用镜子反射历史建筑

被点亮的区域是历史建筑可见区

镜子扩展了能够被点亮的区域

镜子在建筑上的反射

[总图设计 SITE PLANNING]

十一面镜子扩展了历史建筑的可见区域

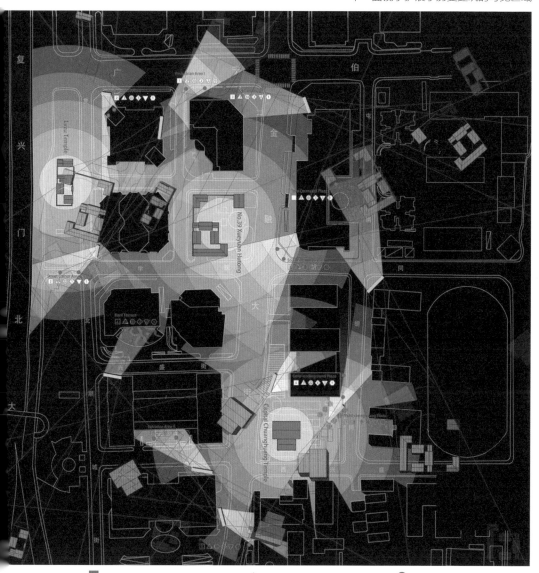

 观察者
——更容易看到镜子影像的人

 对象
——镜子如同景框，历史建筑就成为了被观察的对象

● 距离
——观察者到镜子的距离以及观察者到对象的镜像的距离都在起作用

◆ 镜子位置
——镜子尺寸较大，需要避免对行人的干扰，强化与行人的联系

 强调镜面
——利用树作为背景

 修正镜像
——裁切镜面、处理视野或改变视高来强调想要的影像

[案例设计 CASE DESIGN]

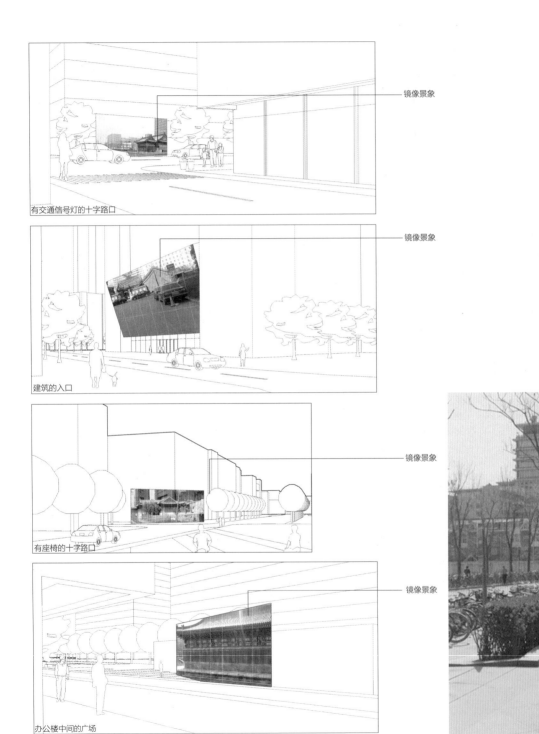

镜像景象

有交通信号灯的十字路口

镜像景象

建筑的入口

镜像景象

有座椅的十字路口

镜像景象

办公楼中间的广场

案例 1：
反射对象 - 都城隍庙
反射方法 - 利用环境界面

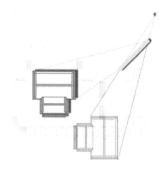

昔日地标级别的都城隍庙如今被高层办公楼遮
挡，失去了其原本的重要地位。通过在入口广
场放置一些镜子，经过的人们就可以捕捉到城
隍庙的影像。

[案例设计 CASE DESIGN]

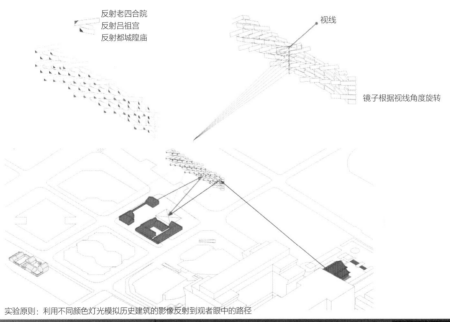

反射老四合院
反射吕祖宫
反射都城隍庙

视线

镜子根据视线角度旋转

实验原则：利用不同颜色灯光模拟历史建筑的影像反射到观者眼中的路径

案例2：
反射对象 – 老四合院、吕祖宫、都城隍庙
反射方法 – 利用建筑界面

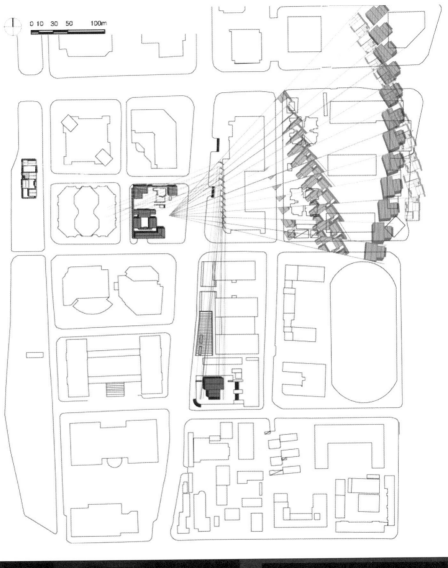

[学生感想 STUDENTS' FEEDBACK]

时隔四年半，回想"类型北京"，我们从中获得了什么？

最重要的可能就是"观察"。印象里在"类型北京"之前还有过"饮食北京""电影北京"等，但"类型北京"无疑是这些主题中可以最直接被观察的一个。课程的第一个周末，我和合作伙伴的任务就是出去分头搜集各种情景，我记得我去了王府井、长安街、动物园等地，当努力去看的时候，确实会发现新的东西。作为设计师而言，观察无疑是非常重要的。大一、大二的时候，通过一些简单的建筑项目，我们被逐渐训练出了基本的设计技巧。日后随着项目越来越复杂，经验逐渐积累，设计技巧会越发提高，但问题是，我们能否准确地察觉到什么时候在什么地方使用这些技巧？这是脱离于技巧之外的可以被称作"洞察力"的另一种能力。"类型北京"其实就是更直接地提出了"我们需要洞察力，我们需要更敏锐地观察这个世界"，这种思路对于一名大三的学生来说是很有价值的。

当然，观察只是第一步，我们还要从既有的情景中挖掘对设计有启发的东西，有可能是空间原型、人的行为模式、特殊的形式或材质组合等。首先要对它们进行分析——基本要素是什么，要素之间的关系是什么，它们为什么对设计有意义等；然后基于此，建立一个自己的框架，这个框架是相对抽象的，已经不是与现实世界直接对应的了；接下来就是把这个框架再投射到现实世界中，并主动地利用它去改变城市空间——这是一套完整的设计方法，通过在"类型北京"中的实践，我们得以理解并内化这套方法。这套方法的最大特点可能就是开放，它的输入和输出都是开放的，对于一个有明确任务书的具体项目或许并不适用，但却很适合具有研究性质的设计、对成果比较开放的设计，或者纯粹是为了设计师本身积累设计想法而用。

但以"观察"为切入点的设计方法也有自己的局限。无论如何，我们所观察到的都是某个特定时刻在某个特定地点发生的特定事件，同时更重要的是，观察者也是一个特定的人——我们所获取的信息很可能是偏狭的。这对于艺术家，比如画家、摄影师并无不妥（甚至还是件好事），但对设计师而言就有问题了，特别是当我们急于阐释自己观察到的现象并把它普适化的时候。然而这些问题并不在于观察本身，而在于如何利用观察。为了规避观察的局限，我们可以采用更科学的观察方法（来补充"诗意的"观察方法），或者纳入来自其他途径的信息，等等。

09
上城下铁　UNDERGROUND CITY

方案设计：伍毅敏　李明扬
指导教师：张悦
完成时间：2011

[概念综述 CONCEPT]

当前北京地铁在设计时缺乏对乘客心理情绪的考虑，封闭压抑的地下空间，单调、乏味的漫长等待，机械、拥挤的长距离步行换乘……使乘客产生各种消极情绪。地铁被视为强行插入城市内部的冰冷的管道系统，与繁华的地上北京格格不入。

我们试图沟通地铁空间与地上城市，使地铁旅程不再乏味幽闭，使地铁成为感受北京城市生活的一个独特窗口与新颖视角。下地铁的同时，亦是以一种全新的方式踏上城市、感受城市。我们决定利用地铁周边并不影响其正常运营和使用而现在预留的附加空间，作为地铁与城市沟通的桥梁，通过我们的具体设计，在"上城下铁"的基本方位中实现"下铁亦上城"。

Passengers' psychology and emotions weren't considered in the design of current Beijing subway system. The closed and repressed underground space; monotonous, boring and long-time waiting; routine and crowded long walks for transferring lines...easily cause negative emotions of passengers. Subways are considered as cold piping systems forced into the internal city and are incompatible with the bustling Beijing on the ground.

We try to connect the underground space with the overground space, in a bid to renovate the vapid and confined subway journey to a unique window to enjoy city life with a new perspective so that when walking to the underground subway, passengers will feel it as a new way to set foot on the city and appreciate the city. We decide to utilize the reserved additional space that rests on the subway periphery and does not affect the subway's normal operation to bridge the subway and the city. Our specific design will achieve the goal of "underground subway is also a city on the ground".

上城下铁　UNDERGROUND CITY

[教师点评 COMMENTS]

当现代城市疯狂地向高空、向地下攫取利用的可能性时，我们不得不花费更多的时间身处于那些引起我们原始生物性不适的空间之中，比如地铁中的幽闭通道与站台。设计正是针对这一类型的、与我们生活密切相关的地下空间，探索提出丰富其城市生活感受的设计策略。

本设计从自然环境、人工环境、人类活动三个方面进行地下空间改善，其中关于自然的风花雪月引入地下，最具感染力；与地面城市功能相呼应的地下功能设置诸如艺术、庙会等，也将使得地下空间摆脱千篇一律的商业感，而具有地点性、场所性。虽然设计属于摆脱了许多工程束缚条件的畅想，但对于城市交通与市政工程师而言仍不失参考价值。无独有偶，在第二届 velux 国际设计竞赛中，一份来自康奈尔的毕业设计作品荣获金奖，该作业同样也是尝试将日光引入地铁站点，并塑造出不同季节、不同时刻的光的雕塑。

张悦

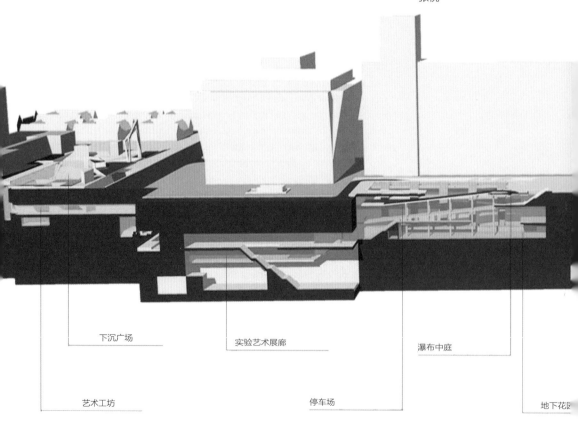

下沉广场　　　　　　　　实验艺术展廊　　　　　　　瀑布中庭

艺术工坊　　　　　　　　　　　　　停车场　　　　　　　　　　　地下花园

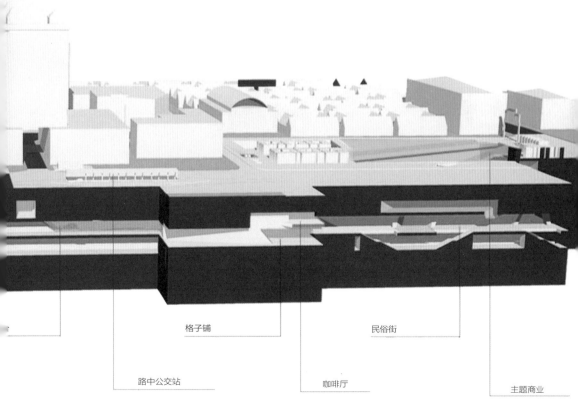

格子铺

民俗街

路中公交站

咖啡厅

主题商业

[概念生成 CONCEPT]

将地上的"城市"引入地下的一个重要前提即提取代表城市、能使人产生身处城市之感的空间意象，在本例中提取自然环境、人工环境及人类活动作为城市意象的三大方面，并根据每一方面不同的空间、尺度要求归纳出了多种空间组合原型，探讨了这些原型可以被赋予的功能及具体形式。

设计地段位于地铁东四站——中国美术馆站及其周边，东四站——中国美术馆站规划为四线换乘车站，包含多个进出站口、长距离换乘等典型地铁"问题空间"。位于中部的主换乘通道长度超过600m，建成后将带来大量途经客流。此处地面以上位于旧城内，地上空间丰富，环境性格明确且有多种取向。此外，此处建设中的地铁工程已预留大量开挖面积可供利用以进行规划设计。

实现手段	自然环境：	人类活动：	人工环境：
	引入自然光	并置地下功能块	创造丰富的地下空间
	地下种植	商业、运动	地标建筑引导
	裸露真实地层	餐饮、保健	周边建筑互动
	自然通风	文化、休闲	…
	…	…	…
	…	…	…
	…	…	
	…	…	
	…		
	…		

空间尺度

宜人、尺度可小可大　　　　　宜人、尺度适中　　　　　尺度较大，甚至巨大

组合方式

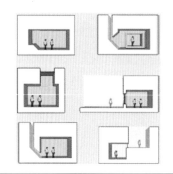

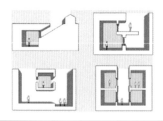

[地段分析 SITE ANALYSIS]

A 区:

8 号线站厅站台西侧自然景观良好,市民活动丰富。中国美术馆为重要地标,相关艺术产业丰富。

C 区:

主换乘通道两侧大部分位于道路和人行便道之下,东西距离长,北侧的隆福大厦为地标。

B 区:

3 号线站厅北侧此区现主要为停车场,地面人流较大,地面空间相对单调,停车组织混乱。

D 区:

6 号线站厅及站台北侧位于隆福寺街以南,原民居已全部拆除,面积最大,隆福寺街为此处重要地标。

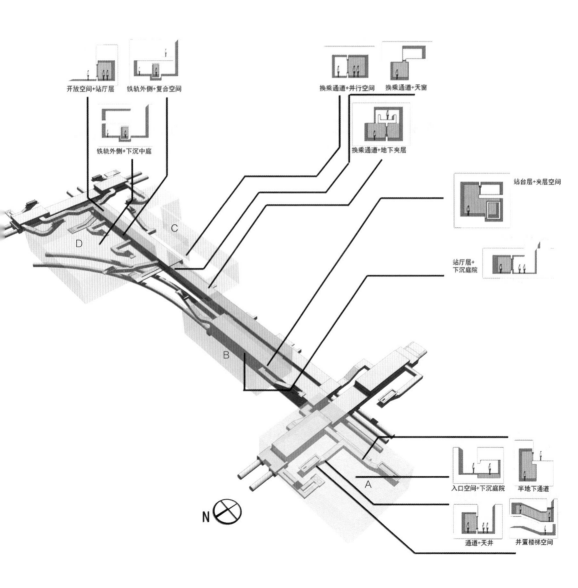

开放空间+站厅层　铁轨外侧+复合空间

铁轨外侧+下沉中庭

换乘通道+并行空间　换乘通道+天窗

换乘通道+地下夹层

站台层+夹层空间

站厅层+下沉庭院

入口空间+下沉庭院　半地下通道

通道+天井　井置楼梯空间

N

[案例设计 CASE DESIGN]

本设计针对地段各分区：A\B\C\D 的不同环境氛围和具体情况，选定了 12 种适宜的空间组合原型，赋予地铁周边预留的剩余空间一定的功能，通过设计其与地铁空间之间丰富的不断变化的相互关系，使地铁旅程充满趣味和惊喜，达到"铁"中有"城"的效果。

A 区：地铁 8 号线车站西北部

场地状况：
●开挖状况良好
●东侧为中国美术馆，为此处地标
●市民活动，个人行为丰富

改造方案：
●地下空间与美术馆视线沟通
●出站通道 + 艺术家天井工坊
●站厅层一侧的实验艺术展廊
●地表绿地移植地下
●上方为绿地，自然景观丰富

|—| 剖面

8 号线站台层北部效果

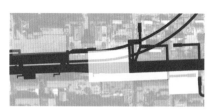

B 区、C 区：3 号线车站北侧 + 主
换乘通道两侧

场地状况：
●场地狭长，与地上联系有限
●上方中间为道路，两侧为便道
●600m 换乘通道
●地面人流多，但场地利用不佳

改造方案：
●结合停车场设计瀑布庭院
●路中天窗 + 公交车站
●换乘通道北侧并置 T 台
●跃层咖啡厅 + 层间天窗
●换乘通道南侧并置格子铺

II—II 剖面

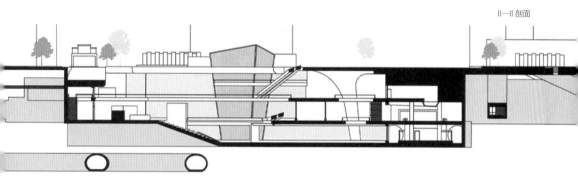

3 号线站台层效果

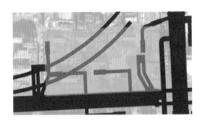

D区：6号线出入口＋站厅＋站台

场地状况：
- ●北部开挖状况良好，南侧为道路
- ●西侧、北侧为隆福寺商业区
- ●人流密集但商业气氛冷清
- ●能看到隆福商厦顶部的隆福寺

改造方案：
- ●三层地铁空间并置地下商业综合体
- ●地铁出入口及通道融入商场之中
- ●站厅层站台层的商品观选空间
- ●地铁站北侧完全打开，连通外部环境

III—III 剖面

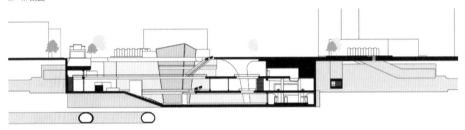

6号线隆福寺街广场入口效果

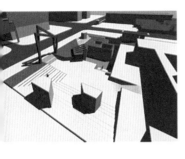
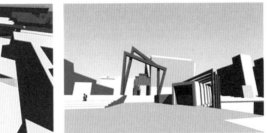

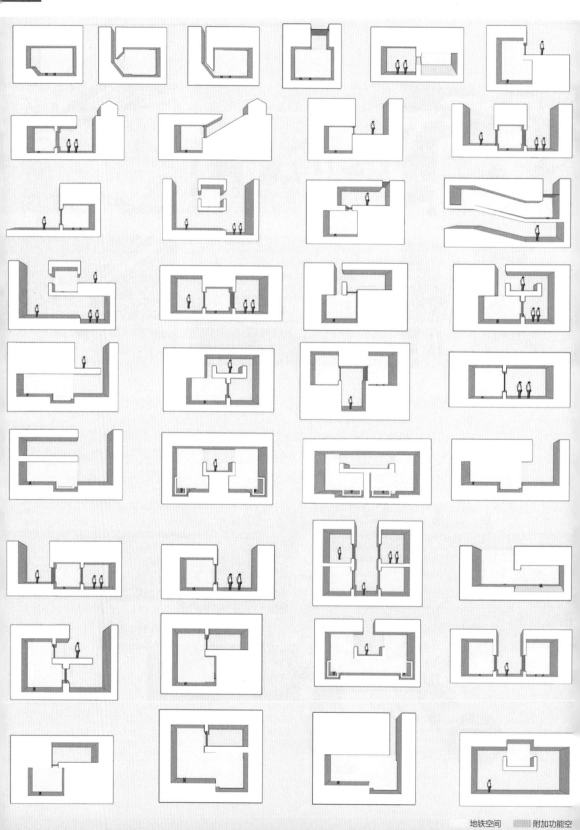

地铁空间　　附加功能空间

[学生感想 STUDENTS' FEEDBACK]

北京地铁的历史不到五十年，是北京城市发展过程中的新生事物。虽然地铁是北京居民城市生活的重要组成部分，但对于绝大多数人来说，地铁的意义仅限于"一种代步工具"。单调的站台、拥挤的车厢、狭窄的通道、漫长的等待，北京市民的地铁出行充满着太多的不愉快。这一切都在说明：地铁尚未真正融入北京市民的生活。同时，许多国际大城市的地铁和地铁站充分展现了当地文化特色，令人印象深刻，而北京地铁却很少为人所提及。在站台、换乘通道、安检大厅等"地铁空间"，乘客处在封闭单调的环境中，不知身在何方，站与站间并没有多少差别。

我们希望能够通过设计的手段，对传统的地铁空间进行改造，消解地铁空间与地上空间的界限，实现地铁空间与地面空间的融合，让地铁空间成为北京城市文化的新载体、新名片，使地铁真正融入北京市民生活。

我们最初的设计想法是：利用地铁站的通风管道，地铁施工时遗留的导洞、竖井以及明挖车站上方的回填空间等竖向"预留空间"，设计若干联通地面与地铁站的"孔洞"，利用这些"孔洞"将地面的光照、景观和市民生活引入地下，从而达到地上空间和地下空间连接为一体的目的。随着地上景观的引入，地下空间的环境质量得到了大幅度的改善；与此同时，地上空间所蕴含的场所属性也通过"孔洞"渗入地下。地铁空间获得了"场所身份"，成为北京新的城市记忆。地铁空间的多样性也得到提升，乘客在乘坐地铁过程中能获得更加丰富的感官体验。

在后续的深化设计中，我们根据老师的建议，将设计地铁站内可能出现的"预留空间"进行了整理分类，并根据"预留空间"的位置、尺度及其相对应的地面环境给出了概念化的空间设计方案。在接下来的具体设计层面，我们将上一阶段的概念设计成果整合进了隆福寺地区的地铁站设计当中，对该地区的地铁空间设计进行大胆的畅想，在经过和老师的多次讨论修改后完成了最终的方案。

设计过程充满了艰辛，地下工程方面知识的缺乏使得我们在设计的过程中深感心有余而力不足，为此我们查阅了许多相关资料，从一定程度上弥补了相关领域知识的空白。但尽管如此，我们对于地下工程的理解仍然十分有限，最终方案里依然存在大量的经济、技术不合理之处，这是本次设计的一大憾处。

通过这次设计，我们对城市文脉的延续和城市社会文化的传承有了更深一步的理解。我们觉得，传承城市文脉，不仅要着眼过去，注意传承和保护尚未灭失的城市文化遗产，更要放眼未来，注重挖掘和培育城市新生事物的本土性、地方性。这也是我们通过本设计想表达的东西。

[类型推广 EXTENSION]

事实上，根据形态间最基本的拓扑关系，空间的组合形式有很多很多。
以上我们列举了 38 种可能且常见的空间组合形式，在以后的地铁工程设计中，设计方可以参考上述评价有选择地采用适合的空间组合形式，创造出地上地下互动性更强的地铁空间。

10
水塔 WATER TOWER

方案设计：郑旭航　余地
指导教师：张悦
完成时间：2011

[概念综述 CONCEPT]

作者之一从小在北京西北郊一个部队大院里长大，大院中的水塔给其留下了深刻印象，也是其童年时代游戏的重要场所；而水塔废弃后的残破景象颇令人伤感。于是我们想到了将水塔作为建筑遗产进行保护。通过对北京现存约99座水塔中的20座的实地调研，我们发现在今天，随着城市供水系统的发达和北京市地下水位的下降，水塔渐无用武之地。

水塔作为建筑遗产进行保护是有其重要意义的，它们不仅是一个大院内的地标，更承载着社区的记忆。因此我们探索了水塔改造的可能性，并选定了两个水塔进行改造设计，其一侧重于发挥水塔的生态功能并强调其灵活性，其二则侧重于社区记忆的保存。

One of the editors grew up in a military courtyard in the northwestern suburbs of Beijing. He was deeply impressed by the water tower in the courtyard, which was an important place for his games in childhood. The water tower was later dilapidated. He was so sad. We wanted to protect the water tower as an architectural heritage. At present, there are 99 water towers in Beijing. In the research of 20 water towers, we found that water towers are getting useless, with the development of urban water supply systems and the decline of Beijing's water table.

It is significant to protect water towers as architectural heritages, which not only are a landmark in a courtyard, but also carry the memory of a community. Therefore, we explored the possibility of transforming water towers. Two water towers were selected to transform and design. One focuses on the demonstration of ecological functions and flexibility. The other focuses on the preservation of community memory.

水塔 WATER TOWER

[教师点评 COMMENTS]

关于水塔改造，国内外都多有富有想象力的创造。然而本设计的动人之处在于，将水塔作为一种集体记忆的建筑类型来审视，尝试提出一套包含功能转型、结构利用、保护开发导引等内容的整体改造策略。

如果不是有大院生活甚至在水塔下嬉戏体验的人，是不会如此热情地用肉眼在地图上去识别每一座北京水塔的，也是不会如此执迷地奔走凝望着水塔去思考它们的未来。应该说作者情感的投入，是设计成功坚实的基础。

在设计中，作者收集了当年的水塔设计标准图集，进行类型学归纳；与结构老师探讨挖掘这些曾经身负重荷的构筑物的巨大结构潜力；在功能上探寻与各种城市新生活相结合的可能；最终提出保护导则。以上整体解决的逻辑是完整的。

受到时间和精力的局限，两个水塔案例试做深度不足。一些呈现水塔改造的生态意义与文化意义的可能性，只能遗憾地留给读者以想象来填补。

张悦

北京市五环以内及五环沿线 99 座水塔分布图

圆筒形
倒锥形
其他形式

[地段分析 SITE ANALYSIS]

我们通过卫星地图，在北京市区和近郊进行"地毯式"搜索，发现了99座水塔，它们集中分布在四环、五环沿线的单位大院中；随后我们对其中20座进行了实地考察，发现它们几乎都已废弃。

这进一步印证了我们的猜想：在自来水系统尚不发达的过去，许多单位开凿自备井、建设水塔；今天，随着城市供水系统的发达和北京市地下水位的下降，水塔渐无用武之地。

水箱类型

球底式水箱

平底式水箱

英兹式水箱

倒锥式水箱

水塔统计

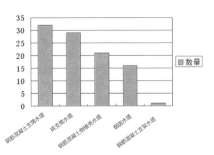

各式水塔数量

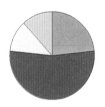

筒形水塔直径

倒锥壳水塔顶部直径

倒锥壳水塔筒部直径

不同城市制高点

水塔体型特点分析

佛罗伦萨

体型系数较小

纽约

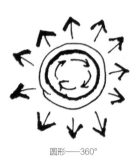

圆形——360°

北京

向心性、旋转性

单位大院是 1949 年后北京新出现的城市空间形态，在城市空间的发展史上具有承前启后的独特地位。

随着 1998 年取消福利分房，大院这种"大而全"的邻里单位逐渐让位于亮丽的新楼盘们，但今天它仍广泛存在。

水塔的工作原理决定了它一定是一个小区域的制高点，这是非常本质、非常合理的，与当今都市中虚荣的摩天大楼高度竞赛形成鲜明对比。有水塔的大院和欧洲中世纪有教堂的小城可谓异曲同工。

[结构方案 STRUCTURE]

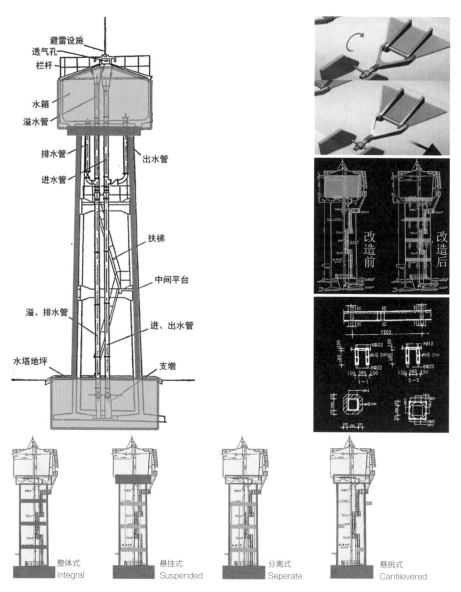

避雷设施
透气孔
栏杆
水箱
溢水管
排水管
进水管
出水管
扶梯
中间平台
溢、排水管
进、出水管
水塔地坪
支墩

改造前 改造后

整体式 Integral
悬挂式 Suspended
分离式 Seperate
悬挑式 Cantilevered

结构可靠性设计

主要水平荷载是风荷载，原设计中已充分考虑。主要竖向荷载是水柜（水箱）中的水，水柜承托在环形托梁上，托梁再将荷载传递给支筒、支架及基础。水塔改造相当于将顶部的集中荷载分散到若干不同标高上（各层楼板）。荷载分布状况改变，因此须进行结构方案设计。

（1）当原结构较强时：采用整体式，新结构与原有结构连为一体，但需进行局部加固；

（2）特别值得保留的水塔，当原结构较弱时：采用分离式，但此方法造价高；

（3）楼梯、阳台：采用悬挑式；

（4）我们设想的一种结构形式：悬挂式。即新楼板悬挂在环形梁上，加载前后荷载作用点不变。为防止楼板像钟摆一样水平简谐运动，在楼板四周与简体连接处使用可活动的连接件，并填充柔性材料。

[案例分析 CASE ANALYSIS]

通过对 20 座的水塔进行实地考察，选择 9 个典型案例进行分析，梳理其与大院的关系、与城市的关系

呼家楼南里

钢筋混凝土支筒水塔直径 6m、高 20m；典型老式小区的水塔，奥运前夕施以彩绘，并被媒体报道。尺度小，开放，与社区关系紧密。

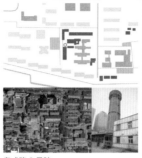

阜成路 8 号院

砖筒身砖筋加筋水塔直径 6m、高 20m，位于航天科工集团机关大院腹地，环境幽静，附近有幼儿园、配电室、物业管理部等，是典型的大院型水塔。

北京工业职业技术学院

砖支筒水塔，直径 4.77m、高 25m，位于门头沟区，可能仍在发挥作用。这个水塔建在居民楼中央一个环岛里，成为整个居民区的几何中心，非常罕见。

农大南路，上地医院附近

烟囱水塔，直径 3m、高 30m 左右。在武警某部大院围墙处，紧邻一条支路，下部裙房已改为商铺，顶部有两个鸟窝，塔身的通风孔内有许多麻雀栖息。

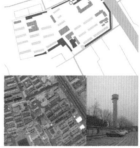

圆明园西路 1 号院

钢筋混凝土圆筒式，直径 4.5m、高 25m。在总装某部营院内，水塔位于办公区后部，和部分管理用房毗邻。离主要干路较远，可考虑向支路打开。

朝阳门内段祺瑞老宅

砖支筒钢筋混凝土水柜，直径 5.58m、高 30m。位于老城区，位置显赫，由于有特殊用途被保留下来，可以鸟瞰北京旧城，离市政道路只一墙之隔。

中央财经大学

砖筒身钢筋混凝土水柜水塔，外加钢肋直径 5.6m、高 35m。与变配电室、锅炉房配套设置，旁边有一烟囱。水塔高度刚好可从校门处看到，破坏主楼的景观。

太平路 44 号院

砖塔身、钢筋混凝土水柜，圆筒式水塔，直径 5m、高约 20m。向社会化转型中的部队大院内，水塔与篮球场、车库、礼堂组成了社区中心，生活气息非常浓厚。正面临拆除。

北京大学博雅塔

钢筋混凝土砖／混合结构，直径 11m、高 40m。著名水塔，经过精心设计，为中国古典密檐塔外观，与未名湖共同构成北大核心校园景观，有极高的文物价值和景观价值。

[保护导则 GUIDELINES]

1 总则

1.1 目的：水塔保护与改造旨在保存建筑遗产，保持城市记忆，保护邻里单位的空间形态，同时为北京创造良好的城市风貌、城市生态环境，形成一批别具一格的新型水塔建筑。

1.2 范围：北京市城区、城乡结合部、卫星城的水塔，其中多数已废弃。

2 水塔保护

2.1 建造年代较久或特别有历史价值的水塔（如北京大学博雅塔），应列入文物保护范围。

2.2 对于形态良好、结构坚固的水塔，已经废弃的，不宜拆除，应予保护并考虑改造的可能性。

2.3 与规划道路相冲突的，可在路中央设环岛，将水塔作为环岛中的景观，并在塔上设大屏幕、空气质量检测站、塔内设微型加油站、汽车穿梭餐厅等。

2.4 需要加建的，加建部分应与原有建筑区分开。

2.5 确需拆除的，拆除方式宜采用定向爆破。

3 水塔改造

3.1 改造原则

3.1.1 改造前，需对水塔现状进行细致调研，根据实际需求确定改造方向。考虑随着社区逐渐对外开放，水塔的公共性也将随之加强；

3.1.2 充分发挥水塔的空间及形态特点：竖向垂直、私密性强、圆形平面、360°环绕等。

3.2 功能改造

3.2.1 根据水塔的类型和尺度匹配适当的功能，详见"水塔类型与功能对应索引"；

3.2.2 垂直交通：可建内部楼梯、塔身外环绕楼梯，或在塔旁另建一楼梯/电梯塔，用短廊连接；

3.2.3 水塔底部可建裙房、平台或灰空间；

3.2.4 顶部：原则上水塔顶部应设计成上人的瞭望平台，供俯瞰整个社区，亦可安放气象观测、天文观测设备。应有一定标志性。

3.3 立面改造

3.3.1 对于使用中的水塔，宜进行外立面粉刷；

3.3.2 充分利用原有的通风孔、采光窗、小阳台、外爬梯等建筑构件，或通过开不规则小洞、砖的凹凸进退、混凝土表面纹理等丰富立面效果；

3.3.3 立面改造不宜动作过大，应保持原有可识别性。

3.4 生态改造

3.4.1 利用水塔的区域制高点地位，将其设计成"生态跳板"，即鸟类迁徙过程中的中转站，或长期筑巢；

3.4.2 利用热压通风，发挥水塔的烟囱效应，改善局部微气候；

3.4.3 水塔顶部安装太阳能光电板，可实现电力自给；

3.4.4 水塔顶部可利用水柜做"花盆式"绿化，注意选择喜光的植物品种，塔身可加轻质结构做垂直绿化。

3.5 周边环境

水塔改造应与环境紧密结合，创造良好的区域景观，增强水塔的可达性。

水塔类型与
功能对应索引

水塔 / 功能	砖/钢筋混凝土支筒式			钢筋混凝土倒锥壳式	钢筋混凝土支架式
	4000~6000	6000~8000	>8000	2000~4000	4000~6000
独栋住宅			小型塔式别墅	鸟人居	
公寓					
旅馆		胶囊旅馆			
办公	值班室	5人以下小公司		岗亭/问讯处	
博物馆/画廊			古根海姆式		行为艺术玻璃箱
商店/书店	小卖部/冷饮店		专卖店/主题书店		
餐厅/咖啡厅	双人餐厅/咖啡厅			空中旋转餐厅	咖啡、茶
SPA/洗浴中心				高空露天浴池	
话吧/网吧	单人包厢				
诊所		医务室			
骨灰堂	一层一穴		一层多穴		
瞭望塔					
灯塔/钟楼					

[案例设计 CASE DESIGN]

设计案例 1

设计案例 2

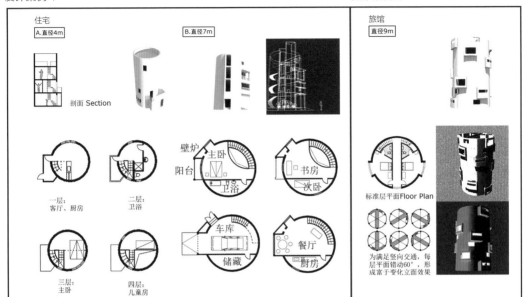

住宅

A.直径4m

剖面 Section

一层：
客厅、厨房

二层：
卫浴

三层：
主卧

四层：
儿童房

B.直径7m

壁炉
阳台
主卧
卫浴
书房
次卧
车库
储藏
餐厅
厨房

旅馆

直径9m

标准层平面Floor Plan

为满足竖向交通，每层平面错动60°，形成富于变化立面效果

设计案例 3

设计案例 4

设计案例 5

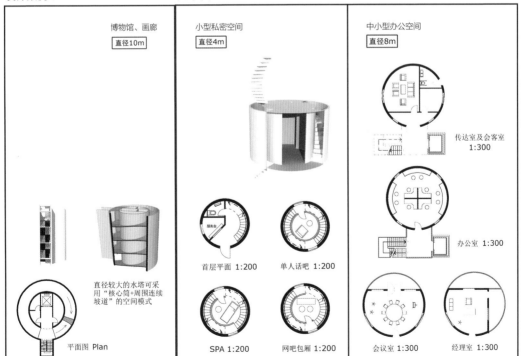

博物馆、画廊

直径10m

直径较大的水塔可采用"核心筒+周围连续坡道"的空间模式

平面图 Plan

小型私密空间

直径4m

首层平面 1:200

单人话吧 1:200

SPA 1:200

网吧包厢 1:200

中小型办公空间

直径8m

传达室及会客室
1:300

办公室 1:300

会议室 1:300

经理室 1:300

[案例设计 CASE DESIGN]

设计案例 6

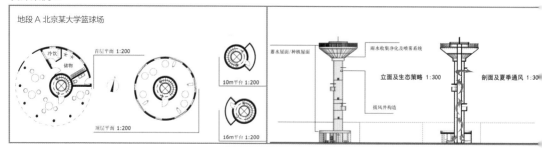

设计案例 7

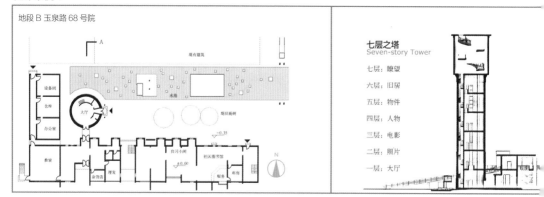

2011 年春天，我 21 岁，余地 20 岁。大三春季学期，我们在张悦老师的指导下，用新的视角审视北京。

那时我们很年轻，很天真，很稚嫩，对建筑和城市一知半解（其实现在也一知半解）。

课程开始，我有一大堆想法，其中有几个想法我至今难以忘怀。它们来自我对生活的观察和思考。

课程开始两周，刚结束在米兰交换生涯的余地同学姗姗来迟。

我们的题目是："水塔·北京"。

我的家在北京西北郊一个单位大院里，离颐和园不远，离圆明园更近。院子里有一座水塔，它是我童年的回忆，它是神秘的，也是伟岸的。

3 月 13 日那个阳光很好的午后，在北京交通大学的篮球场上，我们见到了另一种水塔。塔底的台子上堆满了书包和外衣，让我想起歌德的两句诗："我们这些青年人，午后坐在凉风里。"

三月的北京，还有几分寒意，还经常会下雪。我们走在京城三月微冷的春风里，寻找"北京类型"、策划"类型北京"。

时间过去 3 年了。如今我已经硕士毕业，余地读了城市规划的研究生，明年也即将毕业。这些年，我去了中国许多地方，每每在田野中、在铁路旁、在城市的某个角落，看到一座水塔，常会拿起相机。在 Google Earth 上，可以看到这些年来北京的水塔越拆越少，每年都在减少。

水塔不是文物古迹，也不是什么建筑遗产，它曾经是人们生活的一部分，现在大多成为回忆。

还记得电影《阳光灿烂的日子》吗？晨光中，马小军送米兰回农场，他骑车经过一条笔直的林荫路，路两侧是参天的杨树。远处是一座水塔。

这些年，北京的地下水位急剧下降，水质受到污染。各单位的自备井大多数打不出水了。

这些年，单位大院逐渐解体。北京城有了新的结构。

2011 年 4 月，在熬图中度过。我和余地宅在寝室，除了去食堂吃饭，几乎不出门。4 月 14 日，终于交图了，交图的路上发现一夜之间树全绿了，花也全开了，恍惚中才知道，春天真的来了。

段 B

11
10 分钟北京　10MIN BEIJING

方案设计：杨心慧　熊哲昆　刘芳铄
指导教师：程晓青
完成时间：2012

[概念综述 CONCEPT]

"十分钟北京"这一概念关注的重点是当旅客通过铁路进入北京时，从列车进入城市边缘直到最终到达北京中心火车站的约十分钟的旅程中对北京的最初空间体验。由于铁路的噪声对城市生活形成了巨大的干扰和阻隔，铁路沿线空间常常是整个城市中最消极的。另一方面，北京火车站每天平均近百万客流量使得大多数到达北京的旅客对城市的第一印象也正是城市最萧条的空间。因此我们认为有必要对铁路沿线的城市空间进行梳理。我们希望通过绿化降噪、视线引导、空间缝合、里程标志物设置以及铁路文化发掘等方式来改变这种不利的现状。在形成深入城市核心的连续活动绿带、促进铁路沿线地区的活化发展的同时，我们还希望结合列车入站过程中不同时刻的广播软件设计，打造出具有空间、时间和声效的多维城市名片。

The concept "Ten-minute Beijing" focuses on the initial space experience of passengers for about ten minutes when they arrive in Beijing by train which slides along the track from the urban edge to the Beijing Railway Station. As the noise of railway imposes a huge disturbance and barrier on urban life, the space along the railway is often the most negative one of the whole city. Besides, an average of nearly one million passengers arrives at Beijing Railway Station every day, which makes most passengers' first image on the city very depressed. Therefore, we consider it necessary to renew the urban space along the railway. We hope to change the current unfavorable situation through greening lowering noise, sight guidance, space seaming, mileage markers, exploration of railway culture and other ways. While setting up the continuous movable greenbelt along the railway that reaches the urban center and activating the development of the region along the railway, we also hope to combine broadcast software that is used in inbound trains at different time and create a multidimensional city card with space, time and sound.

10分钟北京　10MIN BEIJING

北京客运铁路沿线企划

[教师评价 COMMENTS]

机场、铁路等交通枢纽作为一种特殊建筑类型，本身就是城市的门户。本组作者从"城外人"进入城市的心理感受出发，重释了铁路站点建筑及其沿线建成环境作为城市"第一视觉印象"的意义，并通过一系列地景设计和所谓"探头"的定点构筑物设计，以获得定位及视觉吸引，其通过时间性的延展来重塑城市积极空间的设计策略和独特视角值得赞赏。

需要说明的是，对照某些城市粉刷沿街立面的虚假化、布景化处理方式，城市百态应该是一种真实风貌的呈现。由此，如何通过设计来进一步"激发"城市自身的活力，通过自组织性来获得城市自我完善和可持续性发展，是值得进一步讨论的话题。

PS 教学备忘：设计对城市与城市人群间互动关系，以及主体行为与心理等方面的关注很有价值。作者此后能在南非 UIA 国际学生竞赛中获得大奖，得益于这种对城市和人的持续研究与思考。

单军

概念分析

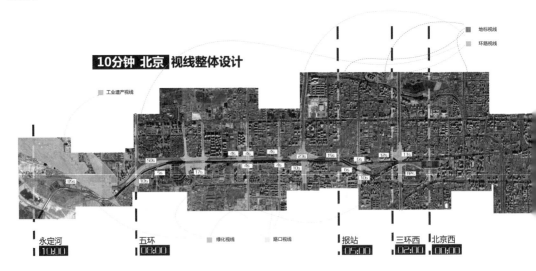

[概念分析 CONCEPT]

铁路上下的对话

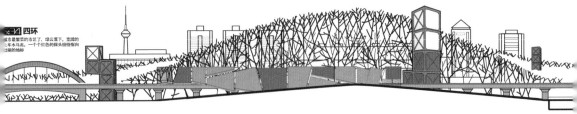

四环

城市最繁荣的市区了，绿云落下，宽绰的
汽车水马龙。一个个红色的探头纷纷指向
北隔的地标

火车上看见了博
物馆的建筑群

00:00 北京西站
进站前的莲花池公园是进入北京城的这段绿和
宣传片的尾声。在撼动人心的旅程结束之后，我
们奔腾涌入到城市的洪流中去。

[铁路与城市剖面关系 SECTION]

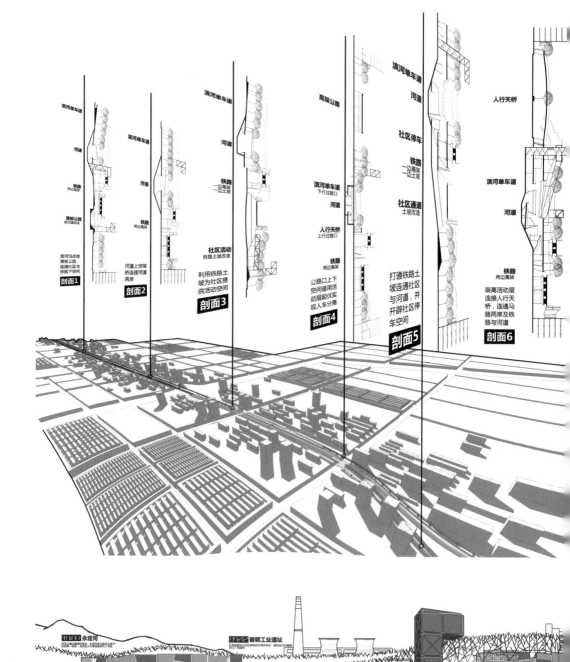

[探头：串通上下城市空间 PROBE]

下层世界看到上层世界的视线通道，一般
市民和铁路旅客发生互动的主要方式，地
理位置的标注，地标指引，社区多功能体

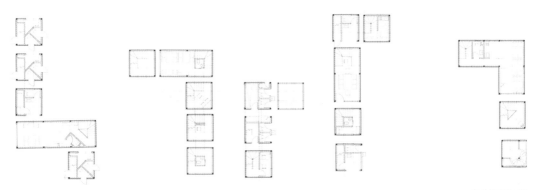

探头的形态可能

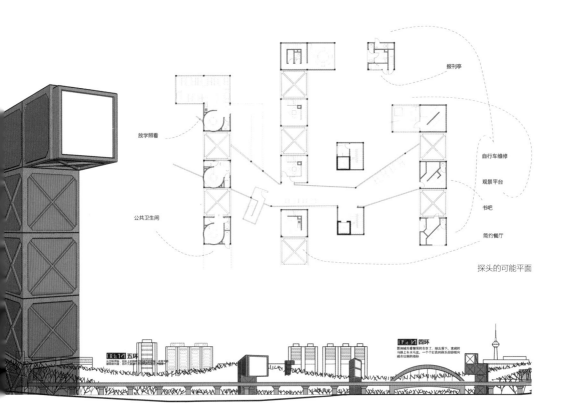

报刊亭

放学照看

自行车维修

观景平台

公共卫生间

书吧

简约餐厅

探头的可能平面

[车站节点设计 STATION DESIGN]

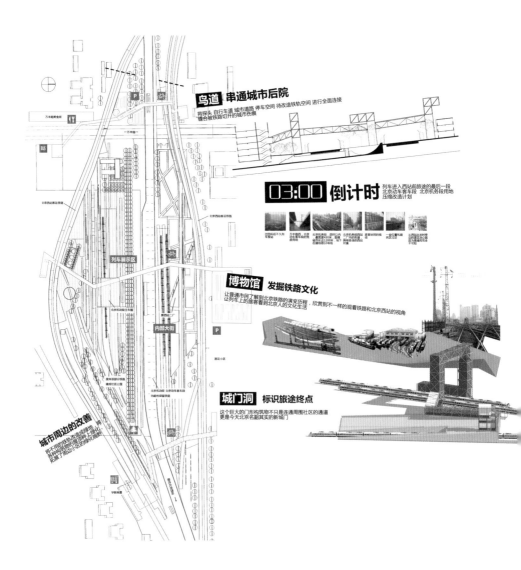

鸟道 串通城市后院
将探头 自行车道 城市道路 停车空间 待改造铁轨空间 进行全面连接
缝合被铁路切开的城市伤痕

03:00 倒计时 列车进入西站前旅途的最后一段
北京动车养车段 北京机务段用地
压缩改造计划

博物馆 发掘铁路文化
让普通市民了解到北京铁路的演变历程，欣赏到不一样的观看铁路和北京西站的视角
让列车上的旅客看到北京人的文化生活

城门洞 标识旅途终点
这个巨大的门形构筑物不只是连通周围社区的通道
更是今天北京名副其实的新城门

城市周边的改善

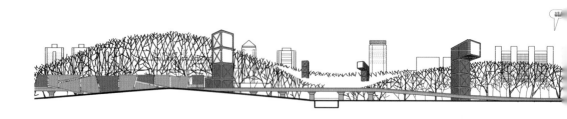

[发展计划 EXTENTION PLAN]

为了避免 10 分钟北京出现烂尾情况，我们希望 10 分钟北京建设的全过程可以在任何一步停下，并给城市带来积极的影响。

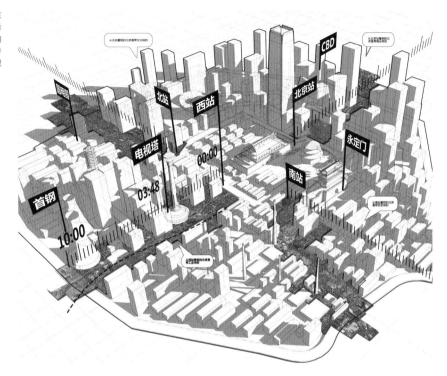

我们把北京西站的模式复制到北京其他三个主要客运站
1. 建设绿云
2. 建设可生长探头等基础设施
3. 形成活动层

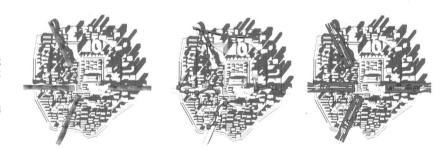

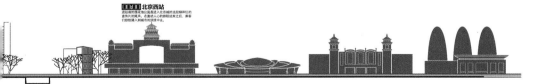

"十分钟北京"的概念更早来源于对北京南北发展不平衡的关注。北京最为发达的区域，例如金融街、西单、王府井、国贸等，都集中于长安街的北侧，又以通惠河、内城南墙和莲花池东西路一线为界，其以南区域愈显萧条。这种发达和欠发达的贴临及鲜明对比仿佛光和影的关系一般，于是最开始我们提出了"影子北京"的概念。

然而我们逐渐发现这样一个概念过于宏大叙事，33km长、3km宽的研究范围远远不是我们 3 个人在 8 周之内能够完成的。于是我们开始寻找压缩工作范围的方法和探索深层的形成这种城市"光影关系"的缘由。这时我们发现前面提到的通惠河、内城南墙和莲花池东西路一线基本是和连接北京站与北京西站的铁路线重合的。我们有理由猜想正是由于铁路的建设才逐渐使得北京南部的发展逐渐落后于北部，我们的研究范围也就从 3km 宽的一片区域压缩到了平均 0.3km 宽的一根铁路线。

我们依据调研过程中收集到的信息对铁路沿线的空间进行逐点的改善设计：从改造高架桥下的空间作为社区公园和商业，到探索一条能够在不干扰铁路的条件下蜿蜒曲折地穿过 1.5km 长宽阔且封闭的机动段的道路，我们努力地将铁路两侧原本被阻隔的空间重新缝合起来。

然而如何定位所有这些散布的节点之间的关系和差异却成为这一设计过程中新的难题。或许这是因为另外一群人的利益在这样的逐点设计的过程中被忽视了。平均每天有近百万的追梦人从全国各地来到北京，他们路过了永定河，却不知道这是诗情画意的卢沟晓月；他们看到壮观的电视塔，想要拍照却被近处一段段围墙阻挡；他们心切地想要知道距离列车到站还有多久，却又舍不得 4G 网络定位的流量费用。

我们意识到在改善铁路各点静止的环境的同时，还不应当忘记铁路上动态的环境。而当我们真正身处在动态的 D132 次列车上，我们突然发现时间的单位——分钟成为比距离的单位——千米对整个铁路沿线空间更好的度量：距离到站还有 10 分钟，列车穿出鹰山隧道、跨过永定河；9 分 42 秒，路过首钢工业遗址；8 分 14 秒到达五环；5 分 34 秒，跨过四环，可以遥望电视塔；5 分，列车开始报站，驶入机动段范围；2 分，缓慢路过三环；0 分，到达北京西，十分钟北京结束。

12
留声　RESERVED SOUND

方案设计：吉亚君　李晨星
指导教师：张悦
完成时间：2012

[概念综述 CONCEPT]

想到老北京，我们的脑海中总会出现故宫、四合院、老城墙这些视觉上很重要的东西。但是今天，我们关注声音，希望能够留住老北京人耳边的记忆。

我们选择的地段是钟鼓楼及其周围地区，因为钟鼓楼的"暮鼓晨钟"是老北京声音的代表，同时周围有许多老北京的声音。我们确定了特色声音的分布，选取周围可做改造的房子，对房子进行筛选；分别录制确定地段的特色声音和噪声。同时我们进行了声音的分析，先将录制的声音做了频谱分析，得到了声音频谱分布。另外，结合地段统计了声源的高度、运动特性和发生频率。

那我们怎样留住声音呢？我们的想法是通过空间设计和材料处理，把其中已有建筑改造成"容器"，收集环境中的声音，把声音放给"容器"中的人听。

When it comes to old Beijing, we always think of visually important things: the Forbidden City, the quadrangle courtyard and the old city wall. Today, we are concerned about the sound, hoping to keep alive the memory of the sound that lingers around old Beijingers' ears.

The district we chose surrounds the bell and drum towers, because the "evening drum and morning bell" is the representative sound of old Beijing. At the same time, there are a lot of other old Beijing sounds around there.We confirm the distribution of the featured sound, and choose the reconstructable surrounding house ; then record the featured sound and noise in the selected district. We also conducted spectral analysis on the recorded sound to get the spectral distribution of the sound . In addition, we collected the following statistics based on the location of the district: the sound source's height, motion characteristics and frequency.

Then how do we reserve the sound? We try to transform the existing buildings into "containers" through space design and materials handling techniques to collect sounds. After filtering noises and fully considering ergonomics, we play the sound to people in the "container".

留声　RESERVED SOUND

[教师点评　COMMENTS]

在建筑设计中，视觉似乎总是具有某种霸权。然而，如果能够充分地调动视觉之外的其他感官，则无疑会更加丰富人们对于空间的认知。声音，就是这样一种常常被建筑师忽视的感官对象之一。

本设计试图以设计的方式来强化空间中的声音体验，具体选址在北京钟鼓楼地段，探索建筑地保留晨钟、暮鼓、鸟鸣、车铃等老北京的声音。首先是关于声音的选择和挖掘，是一次与建筑物理的科学技术融合；通过对于目标声源的音频特征分析来选择对声音的强化方式；进而决定空间的塑造方式和材质选择。整个设计，形成一条完整的逻辑生成线索及跨界学习过程，从而导致最终结果的令人激动的原创性呈现。

一些有可能更加完善之处在于，例如鸟鸣卫生间的外部造型如能更加含蓄（如采取减法或隐透的方法则能使声音的存在更被关注）；车铃茶座的剖面如能沿路径方向再赋予变化，则能使声音更具塑性等。

张悦

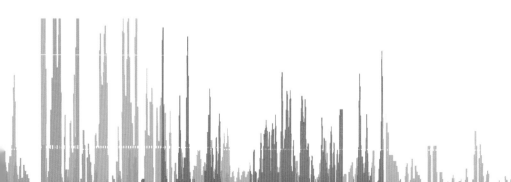

钟鼓楼地区声音

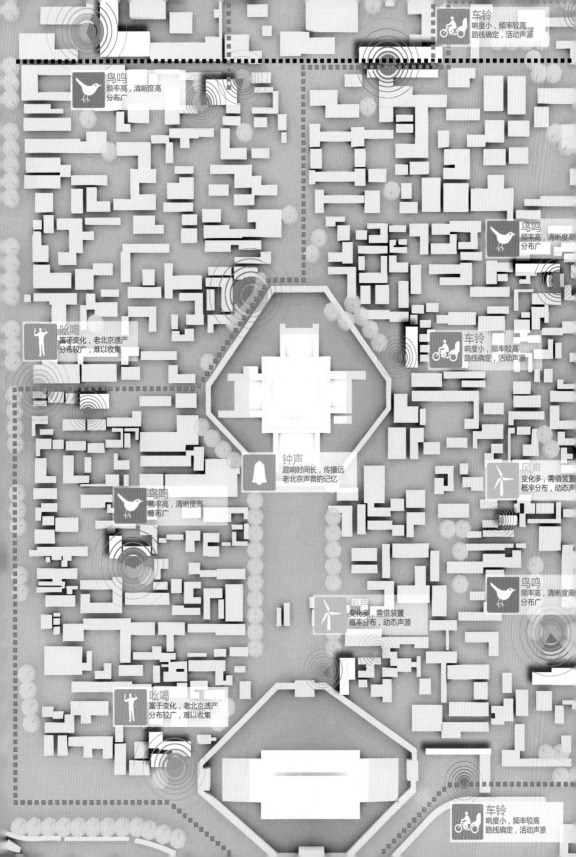

车铃
响度小，频率较高
路线确定，活动声源

鸟鸣
频率高，清晰度高
分布广

鸟鸣
频率高，清晰度高
分布广

车铃
响度小，频率较高
路线确定，活动声源

吆喝
富于变化，老北京遗产
分布较广，难以收集

风声
变化多，需借装置
概率分布，动态声源

钟声
混响时间长，传播远
老北京声音的记忆

鸟鸣
频率高，清晰度高
分布广

鸟鸣
频率高，清晰度高
分布广

风声
变化多，需借装置
概率分布，动态声源

吆喝
富于变化，老北京遗产
分布较广，难以收集

车铃
响度小，频率较高
路线确定，活动声源

[声音研究 SOUND STUDY]

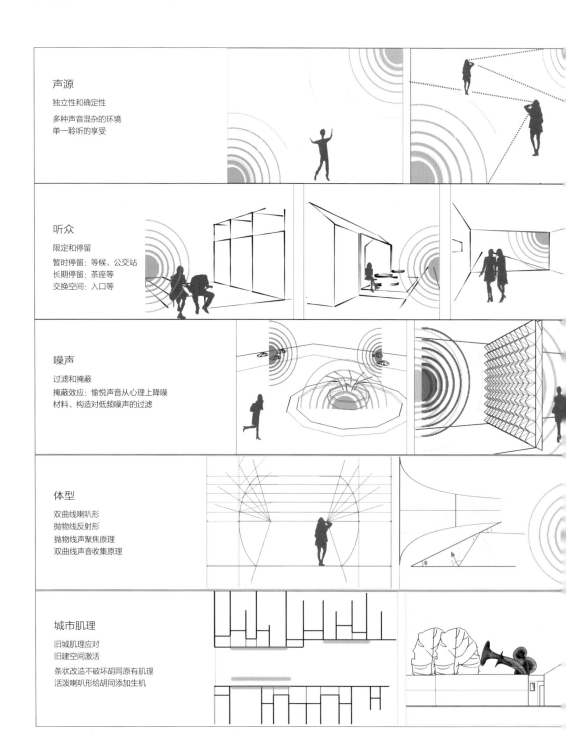

声源

独立性和确定性

多种声音混杂的环境
单一聆听的享受

听众

限定和停留

暂时停留：等候、公交站
长期停留：茶座等
交换空间：入口等

噪声

过滤和掩蔽

掩蔽效应：愉悦声音从心理上降噪
材料、构造对低频噪声的过滤

体型

双曲线喇叭形
抛物线反射形
抛物线声聚焦原理
双曲线声音收集原理

城市肌理

旧城肌理应对
旧建空间激活

条状改造不破坏胡同原有肌理
活泼喇叭形给胡同添加生机

[案例设计 CASE DESIGN]

容器丨鸟鸣卫生间

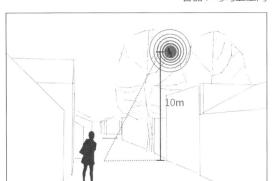

鸟鸣距地面 10m 左右

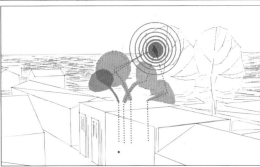

使用喇叭状收集装置

与下部建筑融合，一体化

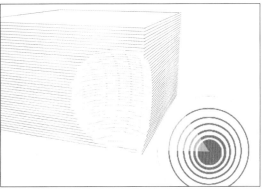

片层状吸声结构

剖面说明

剖面 1—1：左侧厕位为残疾人座便器，通过对厕位上方弧墙的处理，鸟鸣声在人坐高 1.2m 处聚焦，传出响亮的鸟鸣声。右侧等候位的声罩距地面 1.2m，人们可俯身进入，体验安静并伴有鸟鸣的空间，缓解等待的焦急心理。

剖面 2—2：左侧为洗手池位，声罩距地面 1.5m，人们进入后不仅可以享受均布声场产生的清晰悦耳的鸟鸣，还拥有一定的私密性，可以进行化妆、梳头等一系列活动。右侧厕位为蹲便器，通过角度与弧线的设计，声音在距地面 1m 处形成均布声场，给予如厕者新的感受。

剖面 2—2

剖面 1—1

容器说明

鸟鸣频谱分析（红色）与背景噪声频谱分析（蓝色）

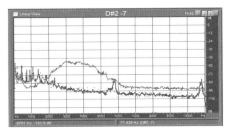

本"容器"设计为钟鼓楼地区豆腐池胡同中一加建卫生间。根据"留声·北京"的主题与地段调研的分析，此处周围有大树五棵，上有鸟窝，因此我们赋予其内部收集鸟鸣的新功能。由于鸟鸣声源较高，我们采用喇叭形的抛物线收集口对准鸟巢，对声音进行收集。将鸟鸣引进容器后，我们将等候区、洗手池与厕位做成圆筒形，通过声音的反射与混响，加强接收处鸟鸣的响度，带给人们全新的声音体验。同时，弯曲的管道和圆筒形的厕位使建筑内部空间丰富多变，拥有教堂般的神秘与趣味。

容器 II　车铃声茶座改造

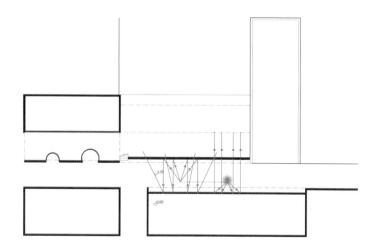

平面图

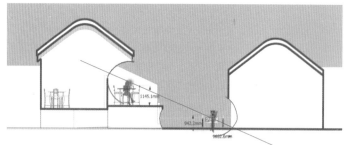

确定焦点和有效抛物线

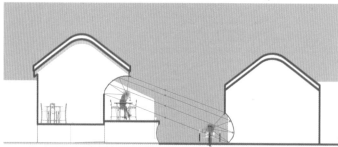

右侧声音实现聚焦

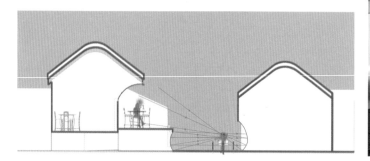

左侧声音反射加强

容器说明

"容器"为豆腐池胡同的一间咖啡厅室外台地改造。我们通过咖啡厅外墙和胡同对面围墙的形态及材料改造得到可以发生声焦的两条抛物线弧墙，使得在台地茶座上的顾客可以听到清晰放大的人力旅游车车铃声，同时咖啡厅的弧度处理形成自然的阳和雨篷，带状的处理也契合胡同肌理，在不破坏旧城环境的况下增加活力，让人们在悠闲中回味老北京亲切的车铃声。

剖面说明

改造院墙上确定二焦点位置，声源 F1 离地 0.9m 为车铃高度，墙角 1.2m，与游览路线形符，接收点 F2 离地 1.2m，正好为立人的视高。根据墙高和形态确定抛物线准线及有效部分，对体进行剖切，嵌入光滑的金属反射材料。声线分析：右边声线过底层弧墙平行折射到上部弧墙进行收集聚焦，左边声线通过土墙进行二次反射，对台地上的座位进行声音加强。

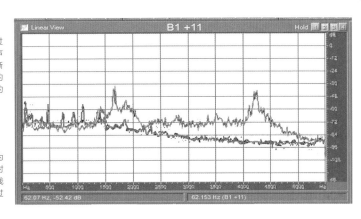

[容器推广 EXTENTION]

通过设计这两个容器案例，我们掌握了动态、静态声源的收集方法，室内室外听众的接收方式以及声音的放大和传递手段，因此可以将容器推广到其他特色声音。比如说风笛椅对风声的收集，人坐下来，遮挡椅背的不同气孔，发出不同频率的声音；比如soundmirror对钟声的收集，也是使用声聚焦原理等。

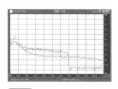

 风声

方向性
利用风笛的原理
定距开洞，设置座椅
引起风声频率变化

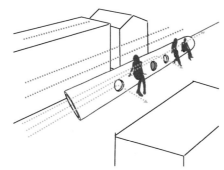

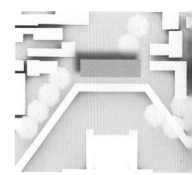

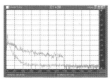

 钟声

定点声源
声聚焦
soundmirror

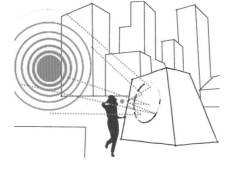

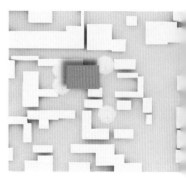

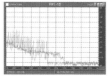

 吆喝

移动的点声源
喇叭状收集口

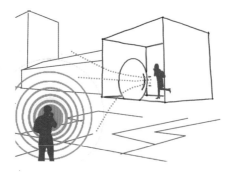

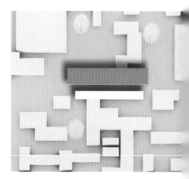

[学生感想 STUDENTS' FEEDBACK]

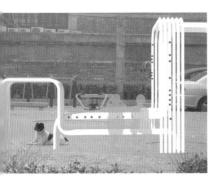

类型北京作为大三下学期的 studio 课程，对我来说是建筑设计的一个转折点。在这以前，我们的各类 studio 训练目标更集中于某一方面的建筑设计原理与技能，一个完成度较高的传统训练似乎能让学生收获更多。类型北京这一 studio 亦有其训练目的，这一训练目的似乎更加注重学生对所处大环境的感受与情怀。学生由感知衍生出的创造性与对场所精神的表达显得尤为重要，而这对我来说，是一个建筑师或是城市规划师最重要的素质与意义。

这一题目放眼北京，亦无指定的地段，在一开始同学们就展开了激烈的"创意"角逐。或许是我身为一个北京人，对于这座城市有着更加长久的熟悉与热爱，我在选题阶段便与合作伙伴以声音为切入点，希望建筑或者装置通过容器的方式，留下老北京即将消逝的声音。"留声·北京"这一题目并非矫揉造作，当自小听过鸟鸣、鸽哨、吆喝与自行车铃的我身处不断被侵蚀的旧城之中，这一想法便油然而生。我们都很喜欢这个想法，但同时也立即意识到了这一灵感的难以实践之处，更怕遭到老师的否定。然而面对我们的选题，张悦老师并没有走保守路线，鼓励我们坚持声音的畅想。由于声学知识的缺乏，我们都不知道最后的成果会是怎样，但老师认为只要过程足够投入，那么结果并不重要。在这样的大力支持下，我们很快就确定题目开始研究。

其实声学知识本身也并不十分艰深，我们已修过建筑声学，在做 studio 之时又与声学研究所取得联系，受到老师与学姐的设备与技术支持。但如何实现声学与建筑的"跨界"，既然缺乏先例，也就没有已知的路径与经验。在这一阶段，我和伙伴只能不断摸索，扩大知识广度并走访各处有声学实践的场所。我们在网上搜索到不同特色声音的音频并用软件进行分析，造访北京钟鼓楼、声学试验室与中国科技馆进行实地调研，在确定主要的声源与技术手段后，自己制作模型模拟方案的可行性。最终，我们在老师的建议下，以钟鼓楼地区这一北京声音的典型代表为地段，选取鸟鸣、自行车铃为两个研究对象，运用波动理论与声聚焦原理，以声音容器的概念推导出鸟鸣卫生间与车铃茶座，并推广到整个地段。

从严谨科学的角度来说，由于时间与技术的原因，我们的方案存在诸多不足与可实施性的缺陷。然而作为一个训练建筑师感知与情怀，理想与创造的课程 studio，我认为我们足够大胆地做出了知识的跨界与重组，努力地表达出对场地与城市的态度与愿望。因此这样的 studio 经历，是令我激动而难忘的。最后，由衷感谢我的老师与合作伙伴，他们给予了我最多的指导、鼓励与包容，使我度过了一段美好的找寻声音记忆的时光。

13
衣栈 SHOPINN

方案设计：高菁辰　张晗悠
指导教师：单军
完成时间：2013

[概念综述 CONCEPT]

时势造建筑。

网络购买的快速发展加之现代生活的高压、单调，成为改变商业模式的物质基础和精神基础。在购物行为中，顾客从以买衣为目的变成以选衣为乐趣，试穿的意义远远大于购买的价值，购物的属性也从一种物质收获变成一种精神娱乐，形成从"购"到"选"的过程。我们创造的商业新模式——POS模式是对此改变的回应。

新类型的建筑载体"衣栈"在时空上则相较"商店"发生了从"衣 yī"到"衣 yì"、从"店"到"栈"的转变，颠覆性地改变了传统商业建筑的功能布局、空间属性与核心价值，是一个以人的行为为主导，以体验空间为主体，在时间维度上延展的商业场所。自此，建筑不再是容纳商品的柜子，而成为容纳行为的舞台。

Times produces marvelous architectures.

The rapid development of online shopping coupled with high pressure and monotony of modern life lays the foundation to change business models. As for shopping behaviors, customers tend to enjoy selecting clothing instead of buying clothing, which makes the significance of selecting clothing far greater than the value of purchasing. The shopping behavior has evolved from "buying" to "selecting". Therefore, we have created a new business model -POS model in response to this evolution. The new type of building carriers- Shopinn changes from "yī (clothing)" to "yì (selecting)" and from "store" to "center" compared with former stores in space and time. This building creates commercial places that are dominated by human behaviors, designed for experiencing space and extended in time dimension. Henceforth, the architecture is no longer a cupboard containing commodities but a stage showcasing behaviors.

衣栈　SHOPINN

[教师点评 COMMENTS]

当阿里巴巴 1999 年创立时，也许没有人能想到 15 年后它能在纽约上市并成为中国的首富民营企业。网络化及网上购物发展之快，对我们生活影响之大，可见一斑。

正是在这一背景下，作者提出了随购物方式的巨大变革而产生的"衣栈"式购物空间新模式。两位女生通过自身体验，以及对购衣多元化空间需求的分析，特别是从"购衣"到"试衣"，从物质消费到精神消费的观念与行为变化，为我们呈现从静态的"衣 yī"（作为名词）空间，到动态的"衣 yì"（作为动词）空间的参与体验式购衣空间设计。

本案不仅具有面向未来的前瞻性，也具有很强的可实施性，并且设计逻辑清晰、富有创意和趣味性。

PS 教学备忘：希望两位作者今后逛街购衣的同时，能将相关设计与研究持续下去。而且，如果某一天在北京的大街上突然看到一座"衣栈"建筑，我丝毫不会感到惊讶。

单军

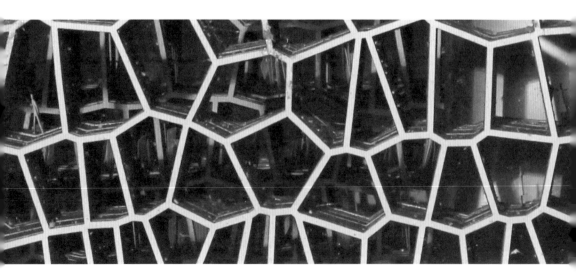

"Not only shopping is melting into everything, everything is melting into shopping."[1]

商业活动已经伴随了人类数千年的时间，在如今的现代社会我们的衣食住行无一不与商业有关。销售 / 购买则是商业行为中的一个重要环节，现代的商业建筑也正是针对这一环节进行设计的。然而，时代的变化与发展总会推动建筑类型的产生或更新，而在如今的时代中，现有的商业建筑是否能够满足消费者的需求，未来的商业建筑又将呈现出何种面目，则是我们在本文中试图讨论与解决的问题。

一. 从"购"到"选"

购 / 选购 / 选

人类商业活动的最初形态产生在原始社会晚期，是随着物物交换行为不断发展和扩大产生的，它的产生标志着人类社会的第三次社会大分工。而商业建筑作为一个类型，则在不同的文化中分别以"市""巴扎"（bazaar）等建筑的出现作为开端，至今已有几千年的历史。在这漫长的时间中，无论建筑的形制发生何种变化，其容纳的商业活动的本质却始终没有改变，那就是"买卖"。

在商业活动产生之初，商品的类型基本局限在农产品、手工产品的范围内，种类单一，数量也很小，因此对于消费者而言，最早期、也是最本质的商业行为就是"购买"，即"购"。虽然随着商品的种类和数量的不断增长，消费者继而进入了"选购"的阶段，但"购"仍然是这一行为的主要目的，而"选"只是为了完成这一行为而必须进行的步骤而已。

然而，在现代社会，商业行为对于人类的意义却在发生着改变。在现代社会紧张忙碌的生活中，人的幸福指数却并没有随着生活水平的提高而同比例上升，相反，人的精神压力愈来愈大，也愈来愈需要在满足温饱之后寻找一定的途径去排解压力，放松身心。于是，越来越多的人，尤其以中产阶级为甚，开始逐渐地将"购买"这一商业行为转化为一项娱乐行为。在这一进程中，"选"这一行为的意义逐渐被强化了，有时甚至超过了"购"的意义。

在闲暇之时，人们在购物中心抑或商业街闲庭信步，进行 window shopping，已经是现代生活一个不可或缺的场景。在某些情况下，相比"购"，甚至可以说消费者的愉悦更多地来自于"选"这一过程。在试穿服装、试戴首饰、试用电子产品的过程中，在决定购买其中某件之前，任何一件都有被购买的可能，因而也就可以说从某种意义上，人们已经拥有了所有的商品。因此，无论是囊中羞涩还是腰缠万贯，人们总可以从选择与尝试的过程中获得强烈的愉悦感。

实体店 / 网店

在网络时代的背景下，商业活动还有另一方面的改变。网络购物在短短十几年中爆炸式发展，因其突出的方便、实惠、快捷等优势而成为消费者选购商品时的一大选择。而与此同时，相当一部分实体店则受到了强烈的冲击。以

书店为例，在 2011 年前后，光合作用、三联书店等多家曾经风光无限的实体书店纷纷歇业甚至倒闭，而仍在运营的书店也有不少处于勉强维持的状态。由于价格的优势，许多读者会直接通过网络购书，甚至先在实体书店试读然后在网上购买。

在这种情况下，却有一些独立书店异军突起，以北京的三味书屋、单向街书店和南京的先锋书店为代表。这些书店提供大量高品质、有特色的阅读空间作为书店的竞争资本，并结合茶、咖啡等饮品的销售，收入可观。这些书店也会定期举办一些展览、讲座、研讨会、小型音乐会，并推行会员制度，为会员提供优惠和资讯服务。购物过程的良好体验与精神享受成为了这些书店得以对抗网络书店的特色。

在网购的冲击下，相比书籍，服装这类商品更具优势。由于消费者只有通过试穿服装才能确定其款式、尺码、质地是否合适，因此实体服装店并没有面临如书店那般紧迫的压力。然而，网购大潮仍然吞噬了实体服装店一定比例的销售量，许多消费者在实体店选择服装只是为了试穿，并在回家之后上网下单，实体店沦为了网店的试衣间。

物质消费 / 精神消费

在这样的背景下，从"购"到"选"的转变成为实体商业发展的必然趋势。从实体消费到精神消费，"选"的重要性将愈加凸显，而实体商业活动的意义也将从满足人类对于商品使用的物理需求转变为满足人类对于商品挑选的精神需求。"选"将愈加独立于"购"成为消费者走进实体商场的主要理由。在"选"的过程中，消费者获得了精神的愉悦，也获得了对于商品的体验，而"购"这一行为则会在网店中发生，而不再被束缚在实体商场中。"选"和"购"二者在时空上的分离对应着实体商店与网络商店在数字时代不同的使命，也从新的角度诠释着商业活动的本质。

P/O/S——POS 模式

基于以上理论，我们提出商业销售新模式——POS 模式。在这种模式中，每一个商店包含一个位于市中心的实体店（PHYSICAL STORE）、一个进行网络销售的网店（ONLINE STORE）和一个位于郊区的仓库（STORAGE）。以服装为例，消费者的购物模式转变为在实体店进行挑选与试穿，在网店进行下单，在家中收取由郊区仓库发来的服装。

在新模式下，实体商店的功能从"购""选购"转变为单纯的"选"，从以展示、购买为主，到以试穿、社交为主。较大型的购物中心甚至将会成为大型社交场合，顾客身着试穿的衣服直接进入电影院、咖啡馆、音乐厅进行社交活动，在试穿的同时进行着其他类型的各种消费。而如果有意购买，则可以在活动结束后在网络商店上完成"购"的行为。

POS 模式图
● 实体店
● 京郊仓库
● 购物者家所在地

试衣后在商场
登陆网店下单

顾客回到家,收货

京郊仓储
送货到家

体店意向图

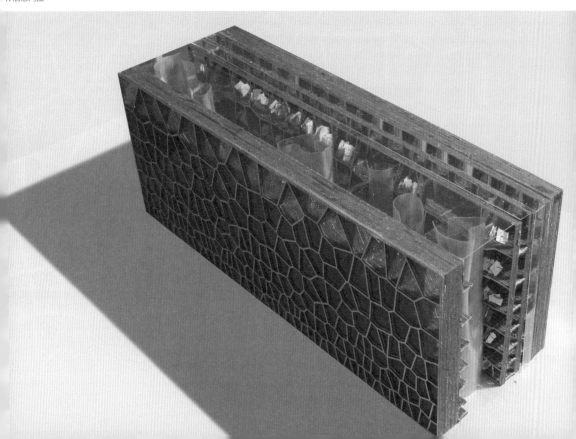

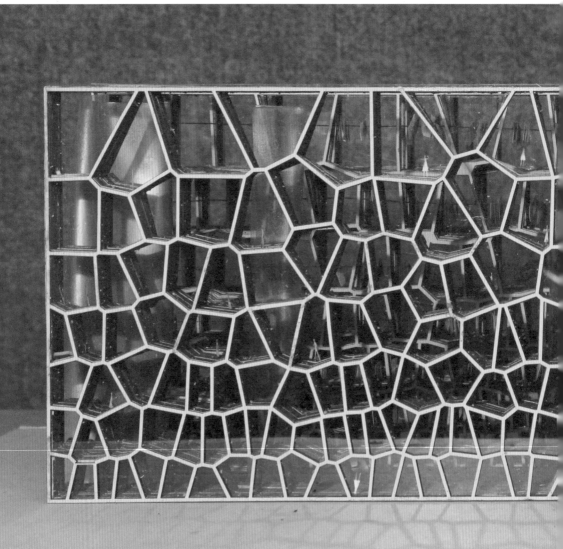

多样化、个性化试衣间

衣栈立面图

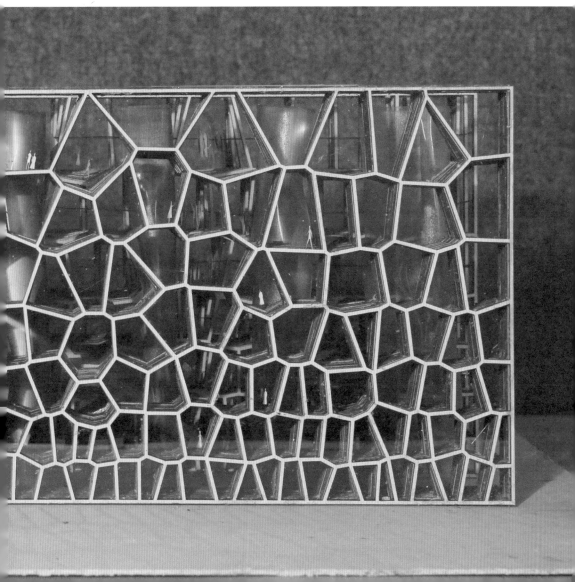

左一：嘛
透视
左二：铯
的"衣服

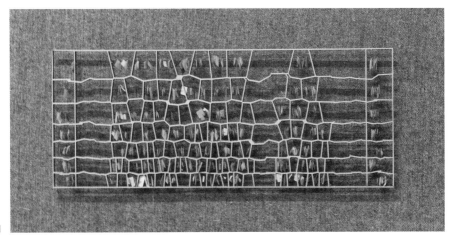

上：衣服墙
下：分层透视图

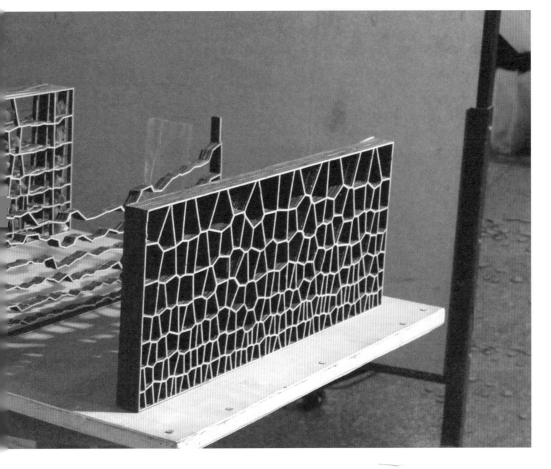

二.从"衣yī"到"衣yì"

衣[yī]: [名]衣服
衣[yì]: [动]穿(衣服) （摘自《现代汉语词典》（第5版））

衣yī空间/衣yì空间

通过对于购物新行为模式的分析，并以服装这一类商品为例，我们对于POS模式中实体店的设计实践——"衣栈"产生了。在"衣栈"中，顾客只进行挑选与试穿的行为，而购买行为则会在对应的网店中发生。"买卖"从商业行为中分裂出来了。自物物交换以来，商业第一次彻底摆脱了它的物质属性，"购物"也从"物质消费"进阶到了"精神消费"。而商业中核心价值和顾客行为的转变也直接体现在建筑空间中。

传统的服装类实体店一般由服装展示空间、陈列空间、储藏空间、试衣间、收银台及交通空间等辅助空间组成。我们定义为衣服服务的空间诸如展示、陈列和储藏空间为衣（yī）空间，而为人试穿、展示服务的空间如试衣间为衣（yì）空间。由于顾客在实体商店中购买行为的比例降低了，因此实体商店中服装展示、陈列与买卖空间的等级也相应降低。相反地，与试穿所对应的"试衣间"（fitting room）则成为最重要的空间。即实体商店从一个以陈列方式为主导的"衣（yī）空间"转变成一个以行为方式为主导的"衣（yì）空间"。

服务/被服务

路易斯·康曾经提出过"服务空间"（servant spaces）与"被服务空间"（served spaces）二元对立统一的理念。在康的理论中服务空间一般包含楼电梯、卫生间、储藏室等辅助空间，而被服务空间则是建筑主要功能空间。对服务空间进行统一单独处理，使得建筑的结构性表达地更加清晰，同时被服务空间也更加单纯、自由。

不过，随着建筑功能需求的不断变化，"服务空间"与"被服务空间"开始置换。在传统以服装的"陈列方式"为主导的实体商店中，"衣空间"是被服务空间，它占据了商店大部分面积，空间开敞、装修豪华、风格多样，是为不同风格、品牌的服装"量衣打造"的空间。而"衣空间"则作为服务空间散落在各个品牌商店的角落，窄小、简陋、隐蔽、形态单一。而在新型以人的"行为方式"为主导的空间中，"衣空间"承载了人的绝大部分活动，成为被服务空间。这就要求试衣间具有集中、大量、多样化和个性化的特点，成为为不同顾客"量身打造"的空间。与此同时，"衣空间"则成为服务空间，是一种高度集约、以满足基本功能为主导的辅助空间。这种空间性质的改变是建筑对于购物模式改变的应答。

商店/衣栈

"衣栈"的设计充分强调试衣间"多样化"和"个性化"的特点，达到100%多样化，

50% 个性化。每一个个性化试衣间都有着不同的大小、形状、颜色、风格甚至是情景。（试衣间透视图）而且衣栈还特别提供了一个供顾客走秀的"T 台"，这是一个巨大的吹拔空间，两面都由镜面围合，让人可以尽情享受 show 的感觉。而"衣空间"则本着高度集约的原则，衣服犹如储藏在仓库中一般紧密排列，成为一堵"衣服墙"（衣服墙图）。

为了强调衣衣两种空间的独立性与等级差异，将建筑平面纵向切分，形成不同功能"层"（分层透视图）。试衣间占据建筑外层，拥有良好的采光、通风条件，其形态也直接反应在建筑外观上，建筑最主要的两个立面全部由试衣间构成（立面图、立面透视图）。"秀场"则位于建筑中心层，组成建筑内部空间最主要的形象。这显示出被服务空间对于建筑的主导作用。而衣空间则与卫生间、交通核心筒一起组成服务空间，穿插在衣空间之中（功能平面图）。服务空间与被服务空间清晰地分开，同时又紧密相连，形态逻辑忠实地反映了功能逻辑，实践了康的理论。

三. 从"店"到"栈"
店：商店、铺子
栈：留宿旅客的处所
（摘自《现代汉语词典》（第 5 版））

物质 / 非物质
对于服装类商品而言，我们将购物过程分为挑选、试穿和交易三个过程。而网购的出现则从时空上拆解了这个过程。线下挑选、试穿，线上完成买卖交易成为一种购物新模式。从空间上讲一次交易的完成需要通过实体再到网络的空间穿越。而从时间上来说购物从原来一个连续的过程变成了两个相互间断的行为。并且由于网络购买的移动性、瞬时性，所以原本购物的时空属性现在只能赋予"挑选、试穿"这些行为。购买的时间被压缩了，而挑选、试穿的时间则被拉长了。

在传统的商店空间中，有很大一部分空间都是被动的，很多时候人们挑选的过程是一个单方向的行为。模特或者是衣架都是无生命的存在，并不能与挑选者进行交流、互动，仅是一个单纯的展示。然而在衣栈之中，中心的吹拔空间就是一个巨大的秀场，在这里 show 的每一个人都是一个活体模特，她们试衣的同时也在展示。正如诗句中所说："你站在桥上看风景，看风景的人在楼上看你。"展示与试衣变成了一个动作，每一个人都是"看"的顾客，每一个人也都是"被看"的模特。这两种身份互相激发、不断转换消解了主客体的概念。人真正成为建筑的主体。

完成时 / 进行时
购物从一个商业行为变成一个娱乐行为，这之中的变化是微妙的。从此之后买了一件衣服变成了试了一件衣服。这就如同在 KTV 中唱了一首歌一样，你未曾拥有过这首歌，但却拥有过歌唱的那三分钟，三分钟的陶醉和三分钟的掌声。同时你还拥有演唱整个曲库的可能性，从某种程度上来说，这曲库中的每首歌都是属于你的。所以"衣栈"的价值也不再是挂在里面的几千件衣服，而是里面的每一个人、每一个人的时间和每一个人拥有的选择权。这是一种时空的拓展和价值的放大。

由此商店从一个进行钱物交换的"店"，变成了一个人们可以长久停留，进行各种行为活动的"栈"。"店"的核心价值是商品交换了多少，而"栈"的核心价值则是顾客停留时间的长短。商业建筑语境的时态也从完成时变成了进行时。

从"购"到"选"、从"衣"到"衣"、从"店"到"栈"是从行为属性、空间属性和时间属性三个方面对于商业新模式的探讨。由此生成的"衣栈"是建筑对于这种新模式的应答。它颠覆性地改变了传统商业建筑的功能布局、空间属性与核心价值，是一个以人的行为为主导的，以体验空间为主体的，在空间维度上延展的商业场所。同时"衣栈"也取"驿站"的谐音，希望给现代人提供一个精神的歇脚所。

参考文献

[1] Inaba J, Koolhaas R. The Harvard Design School Guide to Shopping [M]. Krohne:Taschen,2002 : 55.
[2] 卞之琳 . 中国新诗经典 · 鱼目集 [M]. 杭州：浙江文艺出版社 .1997: 10.
[3] 钟曼琳,李兴刚.结构与形式的融合——路易斯·康德服务与被服务空间的演变[J]. 建筑技艺，2013(3): 24-27.
[4] 克劳斯 · 彼得 · 加斯特 . 路易斯 · I. 康：秩序的理念 [M]. 马琴，译 . 北京：中国建筑工业出版社，2007.

图片来源：作者自摄

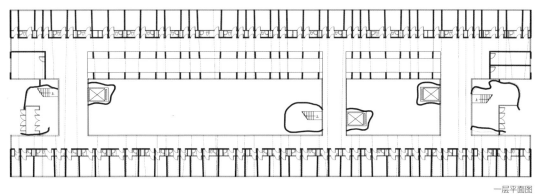

一层平面图

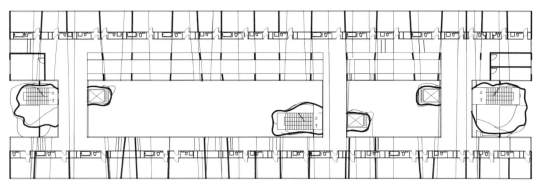

七层平面图

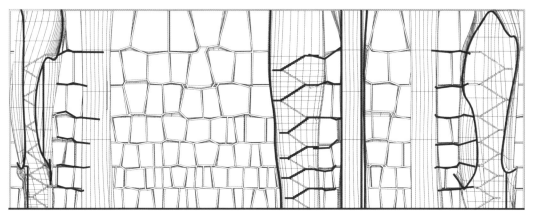

剖面图

[学生感想 STUDENTS' FEEDBACK]

两年之前，我们首次接触到"类型北京"这一题目，觉得有趣又充满挑战；两年之后，我们协助老师进行之前学生作业的整理和排版工作，在排版过程中看到了学长学姐的作品，也重新审视了自己当年的作业，更有一番收获。

如今我们已经本科毕业，思索下来，大三上的这个"衣栈"设计却几乎是本科生涯中最为耗尽心力的一个设计。

我们一开始确定的概念是"建筑的分时利用"，考虑利用公共建筑夜晚无人使用的空间为北京的蚁族提供廉价住所，同时也借此缓解交通问题。为此我们查阅了大量关于北京蚁族生存状况和居住建筑的资料，也探讨了许多种可变式居住单元的可能性。但是随着时间的流逝，我们发现要实现这一点很不容易，一是可变的居住单元可实施性太低，二则是公共空间本就不是为此设计，会有通风、安全等一系列问题。此时我们愈讨论便愈绝望，几乎感到已经山穷水尽，几周的工作似乎化为乌有。但我们终于想到，"时势造建筑——Architecture follows time"。其实商业建筑为了顺应当今时代的变化，可以演化出一种新的类型，以试衣空间为主体的类型，而在这种商业建筑中，面积大、通风好的试衣间恰好可以成为夜晚为蚁族或游客提供住宿的空间。设计至此，终于打开了局面，在老师的帮助下，之后的逐步深化都水到渠成，但我们花费的时间却一点没有减少。直到最后交图时我们制作了一个手模，紧迫的时间和庞大的工作量几乎将我们压垮，但是最终美妙的成果却成为我们本科期间最为珍视的作品之一。

如今两年已过，重新审视当年的作业，感到其实确实有一些逻辑漏洞，也有些过于理想主义。但是当时的思考，在今天看来，仍然是很可贵的。单老师指导我们跳出常规思考建筑设计的方式，从时代、从建筑类型本质的角度思考新建筑类型的可能性，让我们认识到，这种"新"不仅仅可以是之前没有出现过的建筑类型，也可以是现有建筑类型的演化甚至革命。这种思想对于刚进入大三的我们来说是新鲜的，也是极有启发性的。

另外，对逻辑的重视也是我们的收获之一。老师指导我们为每一步逻辑分析画出一个图标，列出全部可能性，然后在其中选择一个合适的原型继续深化，同时，也要明确该原型的优势、选择该原型的原因。经过这个过程产生的设计更加理性、也更加有逻辑，同时也有更多发展的可能性。这对于我们对建筑类型的探索是非常重要的。

14
书盒 BOOX

方案设计：杨天宇　郭嘉
指导教师：单军
完成时间：2013

[概念综述 CONCEPT]
图书馆已死，图书馆万岁。

新媒体时代，我们在线可以阅读的书籍之多、可以获取的资源之多，超乎以往，图书馆的象征价值渐渐淡去。图书在离我们远去。我们在细致的调研后，创建了新的图书馆模式，实现图书的回归、图书馆的复兴。书籍分类——传统的书籍分类方式限定着人们的活动，同时书籍的利用率很低。我们提出"关联度"分类新方式，将图书分置于不同单元体中，为读者创造不期而遇的惊喜。阅读方式——我们通过对人的行为研究，提出"模数"概念。通过模数控制单元体内部空间，人们可以找到适合自己的空间来阅读。空间流线——与传统图书馆便捷高速的二维流线不同，我们希望读者能够在三维漫游路径中自由行走，在图书馆中迷失自我，回归脑海中关于书籍的原始联想。

Library is dead. Long live the library.

In the new media age, as we have access to more online books and resources than ever before, the symbolic value of a library is fading. Books are away from us. Through careful researches, we try to understand the current state of traditional libraries, and find the truth behind the problem. It is hoped that the creation of a new library model can achieve the return of books and the revival of libraries. New Book classification, We propose a new way of "relevancy" to classify books, which are put into different units to create much pleasure and surprise for readers who swim in a sea of books. New reading mode, We put forward the concept of "module" through researching human behaviors during reading. New spatial streamline, Unlike traditional libraries that provide readers with a convenient high-speed streamline, we hope Boox can make readers immersed themselves in the sea of books.

书盒　BOOX

[教师点评 COMMENTS]

与传统图书馆的图书分类与空间布置方式不同，本设计尝试建构一种全新的逻辑组织，并闪现出若干有趣的出发点。例如："迷宫"式的自由阅读与自由关联，或许是新一代学生生长于互联网时代的深深体验烙印；"关键词"和"阅读率统计"的提出，同样也许来自搜索引擎和大数据的影响；"旧书压制"与"过刊捆绑"的材料运用；以及悬垂包裹感所带来的略显焦虑的空间张力等。以上这些闪现的感受被塑造，并指向了最终一个极具特点的、新奇的图书馆设计结果。

当然，设计在沉重荷载和结构形式、图书整理维护、整体成本收益分析等方面还存在不少超越常理认知的问题，但是作为一种创新的探索在学生阶段永远是值得鼓励的。

张悦

Unlike book classification and spatial layout of traditional library, this design tries to establish a brand new logic organization and flashes out a couple of interesting starting points. For instance, the "labyrinth" typed form of free reading and random association may be the profound experience marks for new generation of students who grow up in the era of the Internet; as "key words" and "statistics of read rate" are proposed similarly under the influence of search engine and big data; material application of "old-book pressing" and "journal binding"; and slightly anxious spatial tensile force introduced by the sense of dangling parcels and so on.

Those flashed feelings are portrayed and directed to the result of final novel library design full of characteristics. Certainly, the design still has many problems beyond the common sense of people in terms of heavy loads, structural style, maintenance of book arrangements and overall cost-benefit analysis. However, this is always encouraged as a kind of innovative exploration for students.

Zhang Yue

[图书馆分析 LIBRARY ANALYSIS]

传统分类方式：
现有图书馆几乎都是以《中国图书分类法》为标准进行图书分类，侧重找书，精确定位，较为高效。

传统行为模式：
现有图书馆内行为模式单一，读者在计算机上查书后，根据中图法的编码在图书馆内找书，看书。此行为具有极高的目的性、被动性。

传统开放模式：
现有图书馆往往开闭架结合，但开放性较低，人在内部行为模式单一。对外相对封闭以创造安静环境，但减少了与城市的交流。

传统价值体现：
现有图书馆的价值往往存在于图书馆的藏书量，两个相同规模的图书馆其优劣好坏大多取决于其藏书量大小，这是图书馆最本质的价值。

[改进方式 IMPROVEMENT]

在分析了现有图书馆的特性后，总结出以下几点：
①现有图书馆内活动单一，目的性太强，缺乏吸引人的乐趣。
②现有图书馆开放性往往不足。
③我们需要保留图书馆的本质价值：藏书量。于是我们探讨了新图书馆该有的内
　容和特性：

普通图书馆

传统图书馆开闭架区占很大的比例，然而活动休闲等辅助功能空间相对较少。人的活动路径以及行为方式都相对较单一。

小型图书馆（4000-10000）

小型图书馆定位为社区休闲图书馆，将休闲活动区的比例放大，同时降低闭架区比例，提高开架区比例，丰富行为活动。

中型图书馆（10000-20000）

中型图书馆与小型相比提高闭架区，降低开架区。这是为了在提供丰富活动的同时尊重图书馆的传统价值，即"藏书量"。

大型图书馆（20000-）

大型图书馆延续了中型图书馆的态势，进一步提高闭架区比例并降低开架区比例。毕竟图书馆的价值在于藏书而不是人。

[新型书籍分类 NEW WAY TO CLASSIFY]

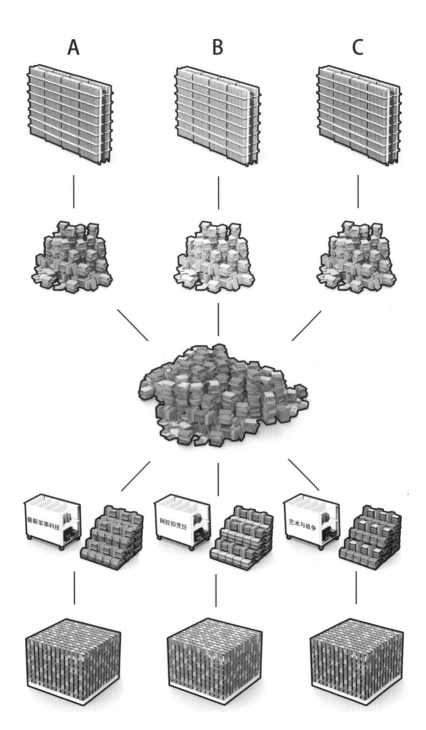

传统图书分类方式形成的书
架体系，以相对被动死板的
方式呈现在书架上。

我们打破传统的图书分类方
式，意将图书从被动的书架
上分离，营造更加丰富主动
的读书模式。因此我们提出
关联度这个概念，也就是在
某一方面相关联的图书。

我们将所有图书混合在一
起，暂不考虑其传统的以《中
图法》为标准的分类方式。

加入新的图书分类方式：按
关键词分类，这些关键词往
往是热点词汇，这样会造成
很多看似毫不相关的图书被
放在一起，产生了我们希望
看到的"一类关键词吸引一
类人，一类人丰富一个关键
词"的效果。

以关键词为分类方式形成的
单元体被称为"书盒"即所
谓"BOOX"，它将为图书
馆带来全新的读书体验。

[分类模式特点 FEATURES]

丰富交流

盒子读书空间相对封闭，同时有大量相关联的图书，容易产生共同语言，促进书友交流。

充满惊喜

这种分类模式往往会产生一种有趣的现象：比如你会发现一个和你毫无交集的人（职业、性格不同等）在看你感兴趣的那类书，这种惊喜可以增进图书馆新鲜性。

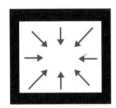

向心性

盒子的向心性营造舒适的氛围，促进读书的乐趣。

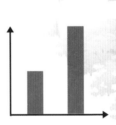

利用率

由于热点词汇被翻阅的频率很高，我们采取累进法的模式，导致图书利用率很高，而相对冷门的图书则被安置在书筒闭架区。

迷失

此图书馆意在让人自由漫游探索其中，发现惊喜，探求知识，所以找书并不是重点。重点在于散步似的漫游，一种新的读书方式。

发现读书最原始的乐趣

我们旨在为人们创造一种在电子阅览与传统阅览中无法体验的读书乐趣，也就是最本源的读书探索的本能。

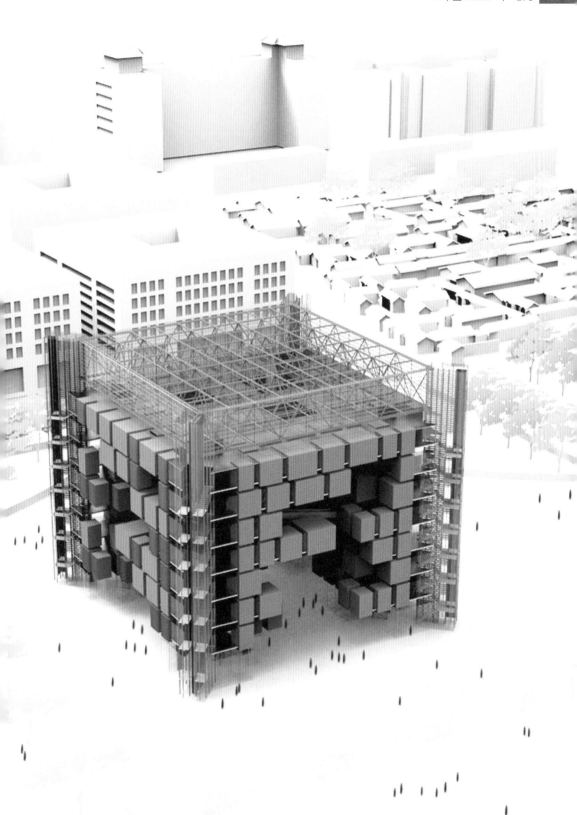

[新型阅读方式 NEW WAY TO READ]

通过对人在读书时行为的研究，提出"模数"概念。单元体的内部空间通过模数进行控制，人们可以在其中找到适合自己阅读姿态或需求的各种空间。

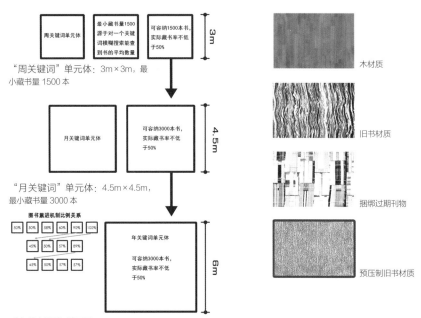

"周关键词"单元体：3m×3m，最小藏书量 1500 本

"月关键词"单元体：4.5m×4.5m，最小藏书量 3000 本

"年关键词"单元体：6m×6m，最小藏书量 3000 本

木材质

旧书材质

捆绑过期刊物

预压制旧书材质

成果模型展示：

单元体间路径的宽窄：

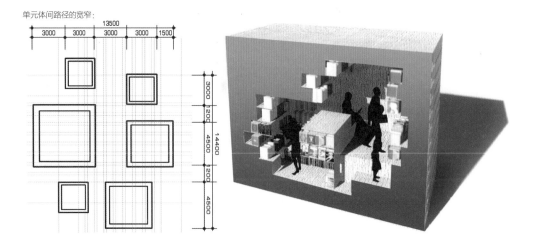

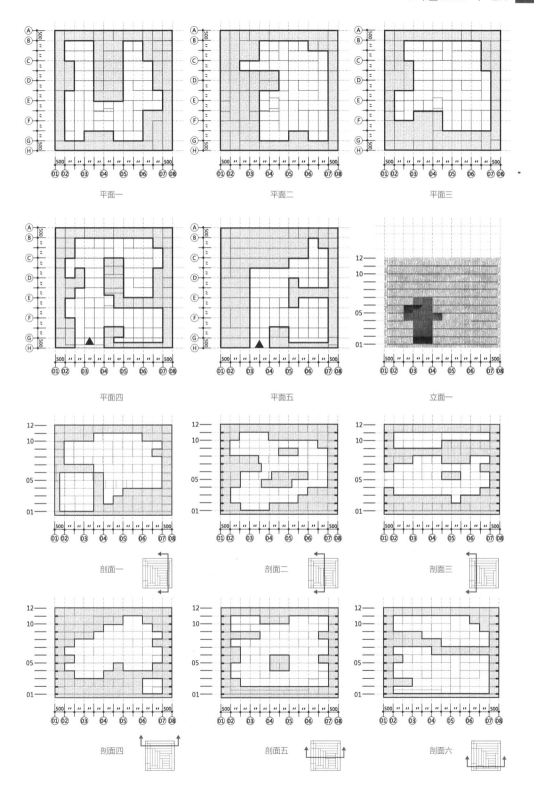

平面一

平面二

平面三

平面四

平面五

立面一

剖面一

剖面二

剖面三

剖面四

剖面五

剖面六

[新型空间流线 NEW WAY TO GET BOOKS]

希望读者在空间漫游时达到一种迷失的状态，他们不会知道自己要找什么书，等待他们的是不期而遇的惊喜。同时，通过特殊路径的引导让读者感知自己的方位。

取书的不同路径

迷宫原型研究：
（1）无规则迷宫原型——自由、路径多为曲线且无序、一般有多个汇聚中心；
（2）规则的正交迷宫原型——非常的规整，在几何上存在拓扑或相似的关系；
（3）较复杂的正交迷宫原型——路径相互垂直，与无规则迷宫原型空间相似；
（4）圆形的迷宫原型——路径均为同心圆，向心性较强且一般只有一个中心。

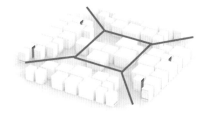

顶层的直达路径

路径原型研究：
（1）正交迷宫变形 a——路径横平竖直且相互正交，尝试消除了中心的存在；
（2）正交迷宫变形 b——保持路径的正交关系，将相似路径归类，追求纯粹；
（3）圆形迷宫原型变形——圆形的单元体挤出路径，增加中心以消解了中心；
（4）方形的迷宫原型——原理同第三种，但是从方形单元体出发，路径多变。

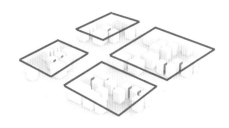

顶层的直达路径

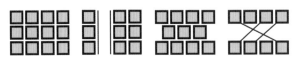

三维漫游研究：
（1）正常剖面原型——受楼板限制较大，很难在路径上实现三维的漫游体验；
（2）吹拔空间原型——在剖面上增加吹拔空间，试图增进不同层之间的联系；
（3）水平层错位原型——通过水平错位试图创造竖向缝隙空间达到三维漫游；
（4）水平错层层原型——将不同层距离拉开，加入室外楼梯元素实现三维漫游。

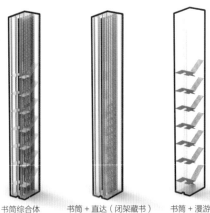

书筒综合体　　书筒＋直达（闭架藏书）　　书筒＋漫游

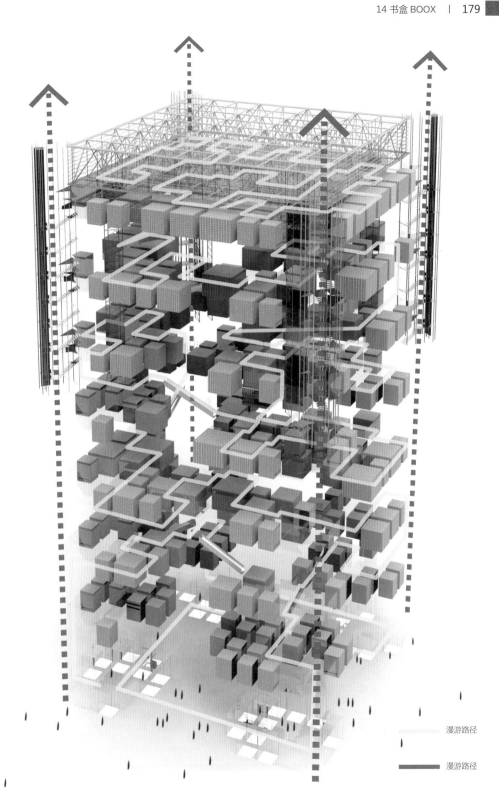

漫游路径

漫游路径

[结构体系 STRUCTURE]

第一步：搭建"书简体系"
"书简"由玻璃幕墙、楼梯及核心筒三部分组成。楼梯结构依附于核心筒；核心筒由18根钢柱构成，呈"工"字形布置，又有横向腹板连接，腹板同时也是书架。

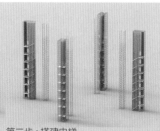

第二步：搭建电梯
电梯是"书简体系"的一部分，它们也作为竖向受力结构存在。但与"书简"承载藏书的功能不同，电梯仅是作为交通、结构单元。因此在平面布局上将电梯与"书简"脱开。

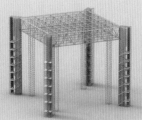

第三步：搭建"网架体系"
在"书简体系"与电梯的支撑下，"网架体系"腾空而起。"网架体系"采用空间网架结构，在四个顶点处与书简、电梯相接，网架结构是"书盒子"重力的主要受力构件。

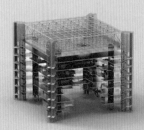

第四步：搭建"楼板体系"
楼板依附于核心筒悬挑而出。楼板在不同层高面上将"书盒子"精确定位。同时为了凸显盒子的三维存在感，盒子的底面均露出楼板。

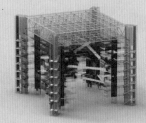

第五步：搭建"外楼梯体系"
"外楼梯"在建筑的镂空部分出现。它连接不同楼层的"书盒子"区域，与平层的漫游路径一起，使读者体验"三维漫游"。"外楼梯"也可以作为建筑内外交互的场所。

第六步：搭建"书盒子"
在楼板精确定位的基础上，"书盒子"以悬挂结构的形式挂在了"网架体系"的下面。这样既解放了楼板以便于创造三维路径，又在三位空间上凸显了盒子的存在。

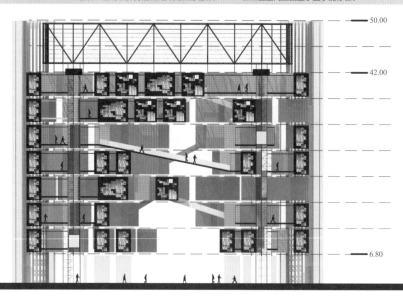

剖面图

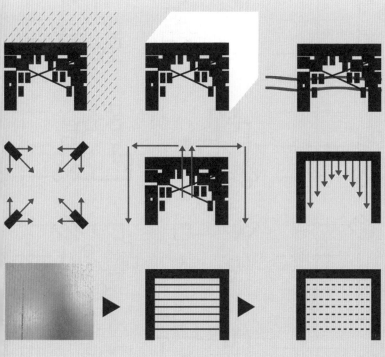

城市的庇护所——
图书馆不再仅仅是作为图书的庇护所存在，它同样应该是喧嚣城市中的一方净土，庇护着书籍的原始价值。建筑提供了一个与城市环境连续的广场空间，同时遮蔽了阳光、风雨。它既是人们可以停留、活动的场所，又可以让人们在喧嚣的城市中找到一处精神庇护所。

结构受力分析——
1. 由于网架的受力近似于四边方向，因此将四个核心筒水平旋转45°，使得长轴沿着合力方向，这样对材料和结构更加有利。
2. 建筑整体的力学逻辑是通过悬吊结构将盒子的重力传至网架，再由核心筒传至地面。
3. 关于盒子与建筑结构体系的关系，是受葡萄架的结构启发出来。

楼板材质的探索——
基于盒子的布置及盒子与楼板的"交错式"构造形式，我们希望当人们在一层大空间停驻时，抬头仰望看到的是盒子（书）的海洋，因此楼板应该被消隐。我们选用了高反射金属板做楼板，通过对周围环境的反射将自身隐藏起来，从而达到我们对楼板"消隐"处理的目的。

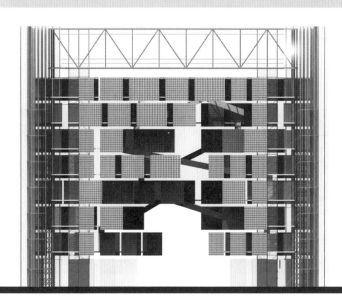

立面图

[分层平面 PLAN]

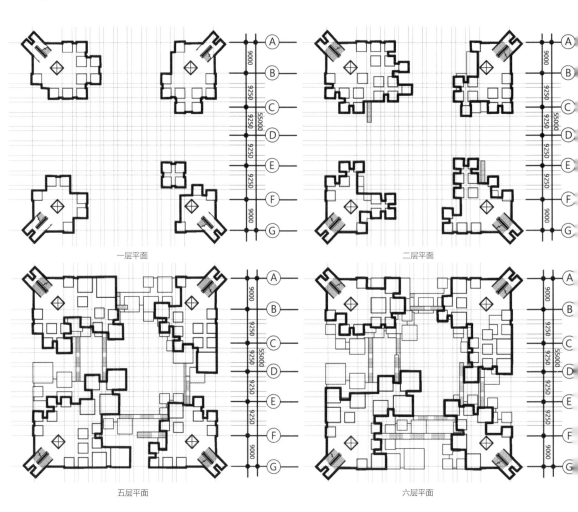

一层平面

二层平面

五层平面

六层平面

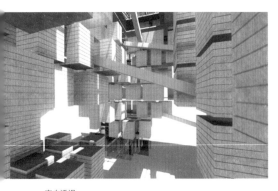

室内透视

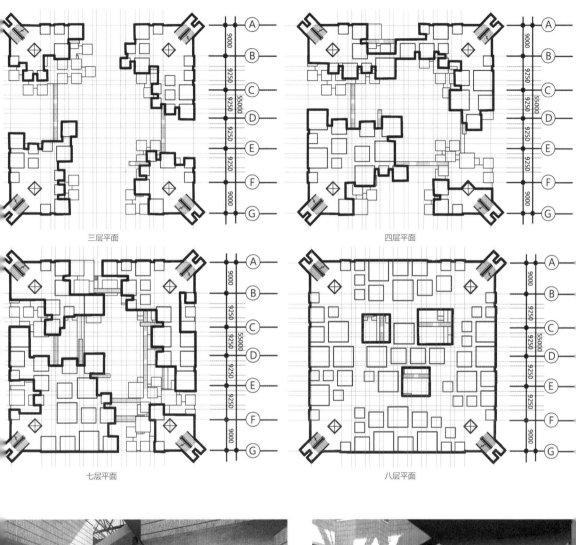

三层平面

四层平面

七层平面

八层平面

室内透视

[类型推广 EXTENSION]

由调研与图书馆相关的问题衍生出一套设计逻辑。这套逻辑在不同的地段可以有不同的应对。我们甚至可以抽取出"boox"单元体，通过这一载体将我们的方案散点化，让图书真正走进千家万户，从而实现图书的复兴。

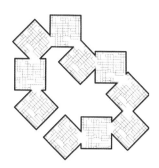

平面图

公园里的盒子

公园里的盒子可以以聚落的形式出现。几个盒子聚成一簇，它们首尾相连、相互错动，又在中间围合形成院落，为人们提供一个在公园中漫步、休憩、阅读及互动的空间。

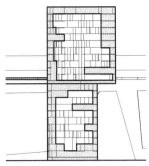

剖面图

商场里的盒子

商场里的盒子是以"书塔"的形式出现的。利用商场中的一些吹拔空间，在竖向将盒子堆叠在一起，形成商场中的书塔，至少为等待的人群提供一个可以挥霍时间的场所。

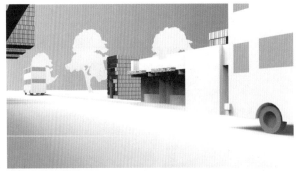

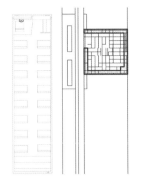

平面图

公交车站的盒子

公交车站的盒子可以以单体的形式出现，人们在等车的同时也可以在盒子里进行阅览，使得等车的过程不再枯燥乏味，相反可能会是非常愉悦的阅读体验。同时也促进了信息的互动。

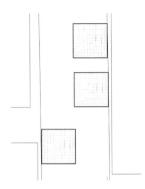

平面图

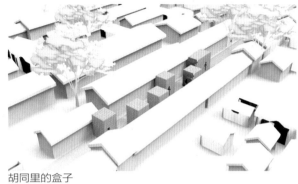

胡同里的盒子

胡同里的盒子可以以线性排布的形式出现。盒子们沿着胡同相互交错排成一列，在强调线性的同时为人们提供一个可以在胡同中停留、看书的空间，以丰富胡同的文化生活。

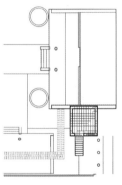

平面图

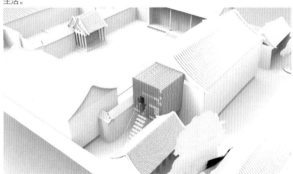

四合院里的盒子

四合院里的盒子可以布置在东侧裙房前的空地处。我们希望在四合院中居住的人们可以有一个公共的书屋，通过开放的阅读促进交流和邻里关系，提升四合院的文化氛围。

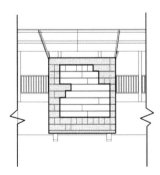

剖面图

天桥上的盒子

天桥上的盒子会以悬挂的结构吊在天桥上，天桥不应只作为交通空间存在，同时可以拥有多样的功能。同时，较大的人流量对盒子的价值及信息的交流有很大帮助。

[学生感想 STUDENTS' FEEDBACK]

当我们进入图书馆时在期待什么？也许在很多人脑中根本就不会出现这个问题。因为图书馆已经是一类非常成熟的建筑类型，有着两千多年的发展历史。它在我们的生活中早已像一位常客，我们从图书馆获取书本、信息、资料和知识，一切都目的明确，井井有条。

但在信息化飞速发展的今天，我们总感觉失去了什么。对，我们在步入图书馆的一刹那到底期望一种什么样的体验？这是一个看似不必要但是十分耐人寻味的问题。而在这次设计中我们尝试从一种全新的体验方式入手，将图书馆从传统的高效整合的空间模式中抽离出来，用漫步畅游的空间组织模式来经营我们的新图书馆——BOOX。

在设计中，我们先是肯定并保留了图书馆的核心价值，即庞大的藏书量；然后从人追寻知识的本源状态进行思考，试图通过引入新的图书分类方式及全新的空间流线设计，营造漫游的空间效果和不期而遇的读书体验。设计的难点是如何将这套全新的图书馆体系自圆其说，当然这也是设计核心所在。我们调研了现有各类图书馆，分析其优缺点，也大量查阅国外的相关案例。最后通过植入众多的盒子空间，并利用盒子的组群效果来营造迷宫的氛围，好让读者体验不一样的阅读环境。

在设计中，图书馆空间由最小的私密空间到中等的半公共空间再到最开放的公共空间，我们都将漫游的理念植入其中。值得一提的是，为了解决有目的性读者和消防的需求，我们还设计了一套直达体系，这套体系也和我们整个"悬挂"的结构设计紧密地联系在一起。虽然设计过程一波三折，但在单军老师的指导下，我们最终建立了较完善的设计逻辑体系，成果也受到了大家的好评。

15
轻轨桥下　LIGHT RAIL MARKET

方案设计：程思佳　厉奇宇
指导教师：程晓青
完成时间：2013

[概念综述 CONCEPT]

北京轻轨桥下空间多处于闲置状态，少部分被利用的空间被用作快递收发或菜市场，呈现比较脏、乱、差的状态。与此同时北京市要求菜市场千人指标不低于 20m²。然而近年来发现对于现行的菜市场千人指标偏低，政府决定提高这一指标。另一方面，通过我们的调研得知居民对于菜市场的需求十分迫切，并且希望可以上下班就近买菜。而对于卖菜的人们来说又希望可以在菜市场附近有租金较便宜的房子可以安家。

综合以上因素我们开始考虑可以利用轻轨下的负空间建造一些菜市场＋住宅结合体，这样既利用了轻轨作为交通枢纽的区位优势满足了买菜人的需求，又利用了城市较为廉价的空间为卖菜人提供了住宿，可谓一举两得。

There is much idle space under Beijing light railways' bridges and a small portion of them are used as expressage stations or vegetable markets, which makes the space dirty and messy. The Beijing government required not less than 20 square meters for every thousand people in every vegetable market. In recent years, however, the government has found that the existing market requirement is too low and wants to raise it. In addition, through our researches, we have found that residents are in urgent need of vegetable markets and hope to buy vegetables nearby. And for vegetables sellers, they want cheap houses near the vegetable market.

Taking all these factors into consideration, we started to think about using the negative space under light railway to construct combinations of housing and vegetable markets, which will not only make use of position advantages of light railway as transportation junctions to meet the shopping needs of residents, but also provide vegetable sellers with affordable accommodation by cheap urban space.

轻轨桥下 LIGHT RAIL MARKET

[教师点评 COMMENTS]

土地的单一属性虽然带来管理上的便利性，但是却割裂了城市的空间和功能，已经成为中国城市的通病。特别是随着轨道交通的快速发展，交通用地所占比例不断上升，这与寸土寸金的城市土地资源现状形成鲜明反差，因此，对于轨道交通用地的复合利用是一个非常现实的命题。

作者选择市场作为与轨道交通相复合的功能类型是建立在社会调查的基础上的，经过针对两条典型轻轨的逐站实地考察，她们将目光聚焦在那些密切服务城市日常生活的贩夫走卒身上。"轨＋市＋房"的组合使轻轨在为城市提供顺畅的交通链的同时，还为城市提供方便的生活链，亦为那些与市场紧密依存的人们提供了栖身之所。

方案根据轻轨高架桥体的结构和空间特点，选取轻钢体系作为基本选型，兼顾市场空间业态和使用者生活特点，提出了灵活可变的空间布局模式，此外，还结合城市景观和绿化需求对建筑表皮进行了探索，力求激活原本的消极空间，为城市镶嵌一条美丽的宝石项链。

程晓青

北京轻轨桥

where？

轻轨桥下空间现状

闲置

天通苑

五道口

亦庄

市场+住宅结合体

"利用"

[北京高架地铁周边环境分析 ENVIRONMENT ANALYSIS]

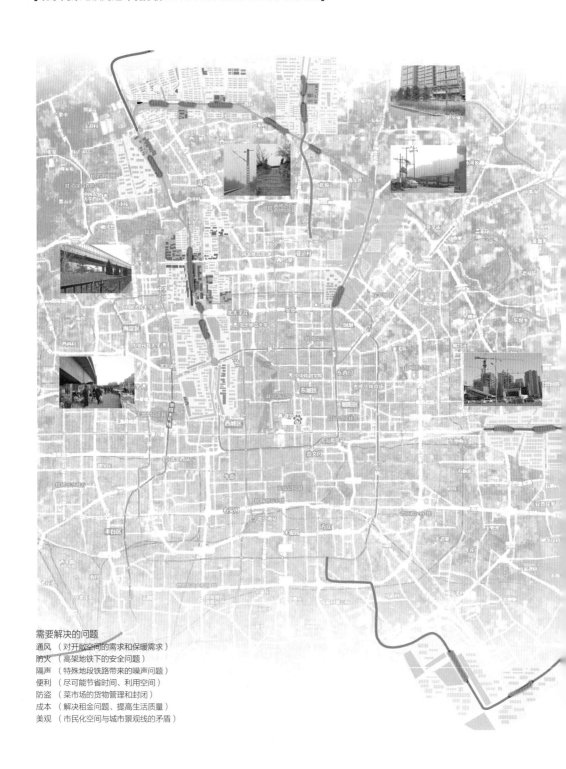

需要解决的问题

通风 （对开敞空间的需求和保暖需求）

防火 （高架地铁下的安全问题）

隔声 （特殊地段铁路带来的噪声问题）

便利 （尽可能节省时间、利用空间）

防盗 （菜市场的货物管理和封闭）

成本 （解决租金问题、提高生活质量）

美观 （市民化空间与城市景观线的矛盾）

[居民调研 RESIDENTS SURVEYS]

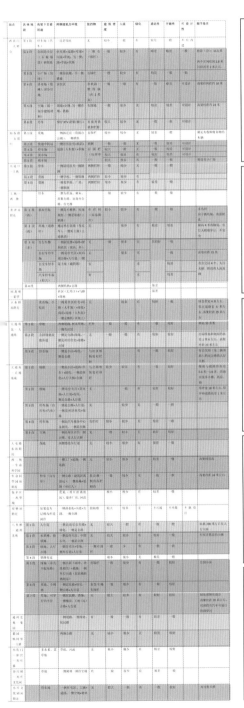

身份：卖水果的大爷（五道口）
年龄：55~60 岁 老家黑龙江，现住在北京五道口华清嘉园地下室
卖菜相关：工作时间 8:00~19:00 （夏季凌晨 1 点多出发，冬季凌晨 5 点左右）
进货地点：新发地（个人进货，因集体进货要收费）
反映问题：目前轻轨下的菜市场不是封闭的，所以冬冷夏热。
存在防火问题，由于现在的菜摊棚架是轻钢结构的。
中午就餐没有固定地方且时间紧张。

身份：卖蔬菜的妇女（立水桥）
年龄：30~33 岁 （夫妻二人）家住较远，公交半个小时到达菜市场
工作时间：8:00~21:00 （凌晨 3 点到 4 点出门）
进货地点：来广营
反映问题：附近房子租金太贵，希望在菜市场附近有便宜的房子住，对面积要求不高。
休息时间非常少。由于外卖太贵，午餐自带。

身份：卖蛋类及副食品（五道口）
年龄：40~45 岁 家住清河，夫妻二人（孩子上大学）
工作时间：8:00~19:00 经营 2 个摊位
进货方式：有专人送货上门
住房：居住面积 20m²
反映：轻轨周边的环境尚可。
上午 8 点，9 点是老人买菜的高峰期，下午 5 点左右高峰期基本是下班族买菜。

身份：卖干货（五道口）
年龄：30~35 岁 兄弟二人
工作时间：8:00~19:00 经营 2 个摊位
进货方式：有专人送货上门
住房：居住面积 20m²

身份：卖干货及调味品（龙泽）
年龄：32~35 岁 家住附近小区，夫妻二人（孩子在老家）
工作时间：8:00~21:00
进货方式：有时自己进货，有时别人送货上门
住房：居住面积 9m² 左右
反映问题：冬天太冷，刮大风时不舒适。
希望摊位之间有沟通，平时休息活动较少。

[户型分析 UNIT ANALYSIS]

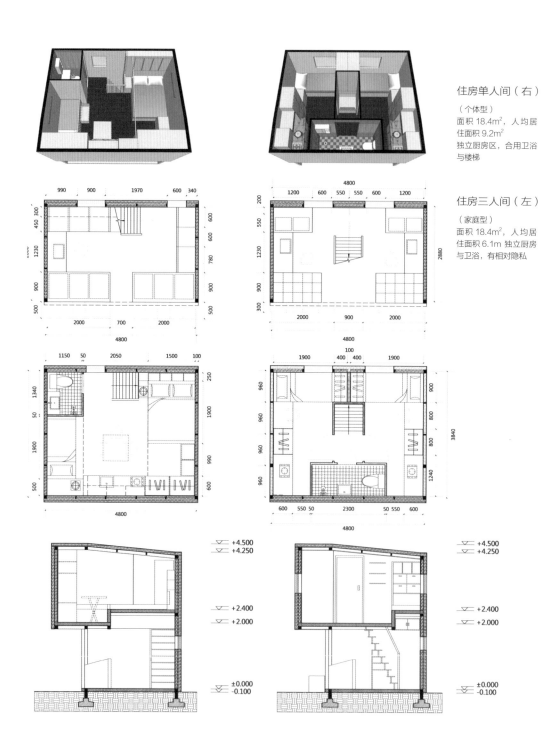

住房单人间（右）

（个体型）
面积 18.4m²，人均居
住面积 9.2m²
独立厨房区，合用卫浴
与楼梯

住房三人间（左）

（家庭型）
面积 18.4m²，人均居
住面积 6.1m 独立厨房
与卫浴，有相对隐私

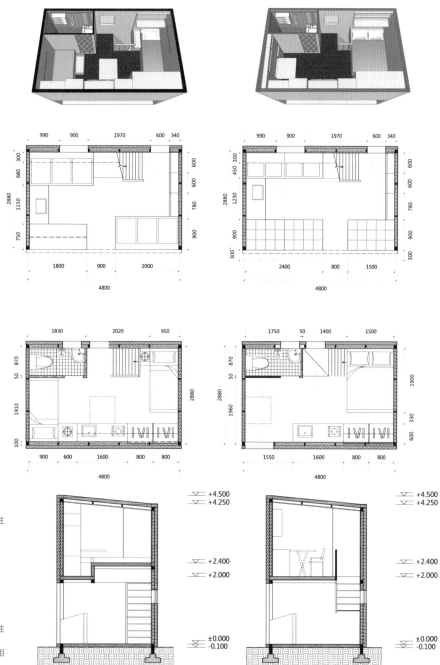

住房双人间（左）

（夫妻型）
面积 13.8m²，人均居住
面积 6.9m²
独立厨房区与卫浴

住房双人间（右）

（兄弟型）
面积 13.8m²，人均居住
面积 6.9m²
独立厨房区与卫浴，有相
对隐私

[构建材料装配表 MATERIALS]

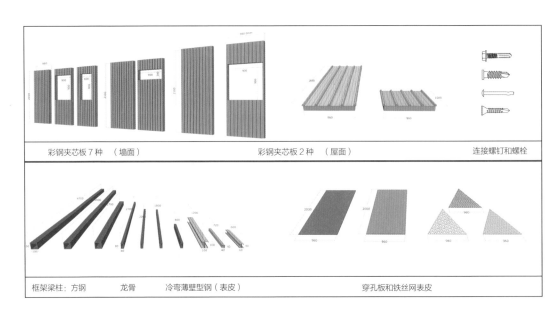

| 彩钢夹芯板 7 种 （墙面） | 彩钢夹芯板 2 种 （屋面） | 连接螺钉和螺栓 |

| 框架梁柱：方钢 龙骨 冷弯薄壁型钢（表皮） | 穿孔板和铁丝网表皮 |

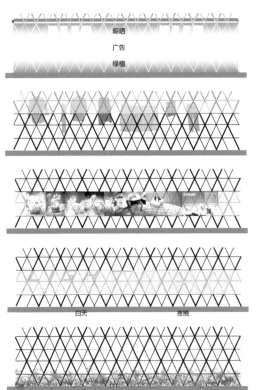

眩晒
广告
绿植

白天　　　夜晚

[表皮分析 SURFACE]

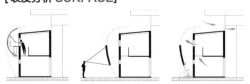

[照明分析 LIGHTING]

[隔声分析 SOUND INSULATION]

卧室、起居室的允许噪声级

房间名称	允许噪声级（A声级，dB）	
	昼间	夜间
卧室	≤45	≤37
起居室	≤45	

双面单层12mm标准纸面石膏板护石膏板
空气间层
50mm厚玻璃棉
双面单层12mm标准纸面石膏板护石膏板

某居住区内公共场地对铁路噪声测量结果

某火车噪声对铁路沿线居民影响的调查

选点	1	2	3	4
离火车轨道距离（m）	4.5	6	24	37
噪声等效声级（dB）	74.2	74.5	73.0	72.9
噪声最大声级(dB)	89.0	55.5	89.3	88.6

[建造过程 CONSTRUCTION]

φ5.5自攻螺钉@400
彩钢内包角板
100厚彩钢夹芯板墙板（岩棉）
φ5拉铆钉@300
彩钢包角板
通长密封条

φ5拉铆钉@300

密封胶
彩钢封口板
φ5.5自攻螺钉@400
彩钢夹芯板（岩棉）
40*80方型檩条

防水层（TPO卷材或专用防水涂料）
彩钢夹芯屋面板（岩棉）100厚
屋面板下支架
屋面檩条

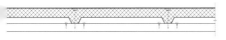

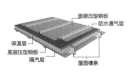

面层压型钢板
防水通气层
保温层
底层压型钢板
隔汽层
屋面檩条

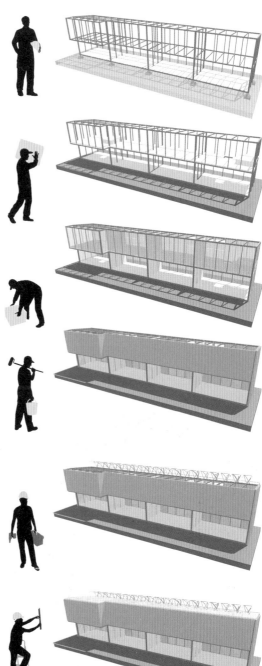

[具体地段分析—五道口 SITE ANALYSIS]

五道口地铁站地段

周边菜市场分布状况
·超市（不卖蔬菜）·菜市场·大型超市（兼卖蔬菜）

优势 1：需求
（周围集社区、办公和商业）

优势 2：交通
（交通枢纽，带来较大客流量）

周边人流
（活动人群主要为行人）

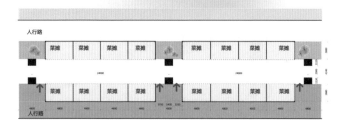

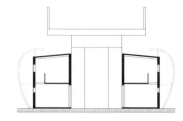

[学生感想 STUDENTS' FEEDBACK]

在这个奔跑的时代里总有些需要安顿的人和声音。我们从沿路的风景、从社会的角落、从人们的需求出发，寻找在北京城市中触动我们的地方。也许最初是处于一种主观的挖掘角度，但落实到建筑上的时候我们必须遵循客观的态度、尊重事实，因为我们面对的是实际问题，所以更多地会听取使用者的意见、直面现实社会的矛盾。轻轨高架桥下的空间原本是被隔离、遗忘的消极场所，它是城市的灰色地带，而我们希望这个场所能够变得积极、生动，菜市场是人们生活的重要组成部分，在大城市的不同地方这种市场有其需求所在，在时间与空间上轻轨高架桥下空间和菜市场会碰撞产生一定关系，这是和人们生活的节奏相关、和一群默默无闻的劳动人民相关，我们希望本来平常的生活能够因为建筑空间的美而变得丰富，在某个时刻让人会心一笑。

整个设计过程中，我们调研的过程占据了很长时间，轻轨高架的沿线我们都亲自探访过，很多相关的菜市场和居住的需求都是从百姓的身上直接得到的，并且对于建造和细部也是参考现在的建材市场，从最初确定主题和概念到最后实现在建筑具体形式上，并且对建造方式进行探讨，对细节进行深化，一步步走来都是脚踏实地，而且目标也比较明确，对比很多可能后得出最终结论。我们试图用建筑表达去解决某种社会问题，当然这其中还会有很多矛盾和困难，但是在此路上，我们学习到了一种更广的视角、更细的尺度，学习到如何有逻辑的思考，如何全面并且严肃地对待建筑。类型的变异会产生新的可能性，这需要我们的创新，我们走从大尺度的城市空间到小尺度的材料构造的一个过程，而这所有的目的是提供一种新的社会便利与帮助，轻轨与菜市场可以结合形成一道城市的风景线，结合轻轨下的空间与菜市场，利用废弃空间美化我们的城市。

比较遗憾的是，我们思考了很多实际问题，但是对于建筑形式的表达过于拘泥于可行性上，没有能够看得更远、思维开放性还不够。或许有更好、更巧妙的解决方式。而且虽然我们勘察了不同地段的情况，最后因为时间等问题没有在更多的地点验证我们的这种建筑类型。

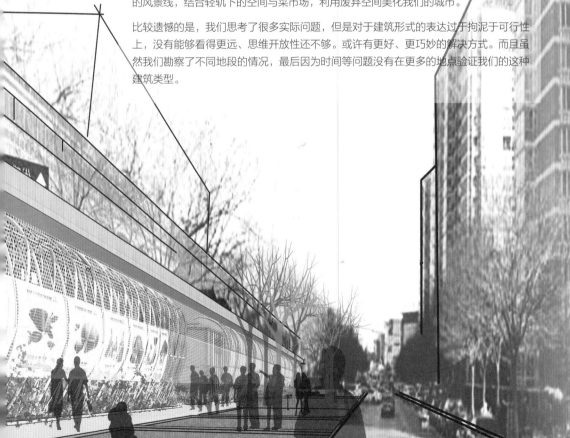

16
地铁书站　BOOKSSS

方案设计：韩冰　邓阳雪
指导教师：程晓青
完成时间：2013

[概念综述 CONCEPT]

Book：通过调研我们发现现代中国社会阅读习惯正在慢慢更改。传统的大型集中式图书馆利用率不高，一种新的建筑类型正在酝酿。基于调研结果，将建筑的功能实体定位在分散型公共图书馆。

Stair：台阶在空间中最根本的作用就是连接不同高程的水平面，为人类充分地利用立体空间服务。随着时代的发展，城市环境中的台阶不再仅仅是一个单纯的建筑元素或者环境设施，而是逐渐在新的城市公共生活模式的作用下演绎出一系列的新功能。

Subway：按照人的步行速率，得到地铁 10 分钟步行圈。按照北京的地铁规划，地铁已经几乎覆盖全人们步行的可达范围。因而可以基本论证地铁的可达性和覆盖率。

通过以上几点分析我们认为可以利用地铁、车站的台阶空间塑造新的城市阅读空间。一方面挽救当下萎靡的阅读市场，另一方面激活城市的公共空间。

Book: Through researches, we have found that reading habits of modern Chinese have been slowly changing. The utilization rate of traditional large centralized libraries is not high and a new building type is being devised. Based on the research result, we define the new building's function as decentralized public libraries.

Stair: With the development of times, stairs in the urban environment are no longer just simple architectural elements, but gradually play the role of a series of new features under new urban public life patterns.

Subway: According to Beijing's subway plans, subway has almost covered the whole range that people can walk to. Thus, the reachability and coverage of the subway can be basically proved.

Through the above analysis, we can conclude that stair space in subway stations can be shaped into new city reading rooms, which will revive the current sluggish book market, and activate the public space of the city.

地铁书站　BOOKSSS

Books+Stairs+Subway+Station

[教师点评 COMMENTS]

随着现代互联网技术的发展，以实体书店为代表的文化传播载体受到强烈冲击，大量的纸质媒介被电子媒介所取代，人们的阅读习惯也发生了很大变化，移动电子设备令"读书"行为可以和很多其他活动进行复合。从建筑视角捕捉这种现象对空间设计的影响，探索空间的复合利用是本方案的核心价值。

作者将地铁站与书店这两类看似不相干的使用功能进行叠加是经过深思熟虑的：一方面，借助轨道交通业已形成的分布网络可以很方便地构建出布点均匀、亲近生活的文化设施体系；另一方面，目前地铁站点的空间使用存在功能单一和空间浪费的突出问题，如果通过巧妙借用，可以有效地提高空间使用效率。方案中选择了北京几处具有代表性的地铁站点，通过对于特定环境需求、不同建筑规模和典型空间特征的深入分析，展示空间复合设计的各类方法，并就复合空间的使用类型进行归纳，具有典型性和启发价值。方案传达出作者对于现代城市文化建设的反思，我想其积极意义并不仅仅限于建筑层面。

程晓青

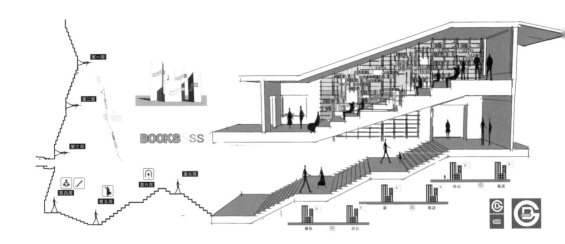

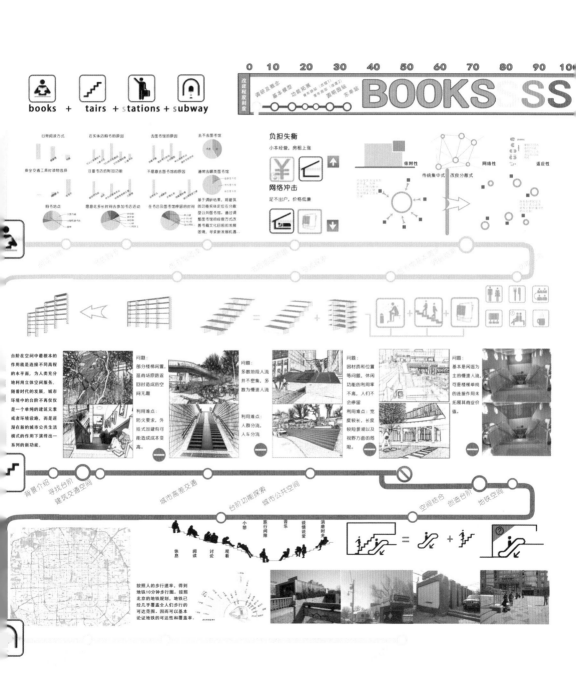

[基于适应性的功能拓展 FUNCTION]

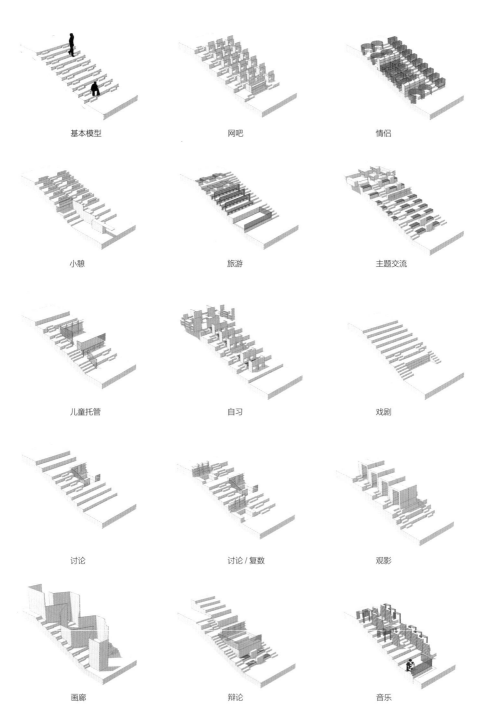

基本模型　　　　　网吧　　　　　情侣

小憩　　　　　旅游　　　　　主题交流

儿童托管　　　　　自习　　　　　戏剧

讨论　　　　　讨论/复数　　　　　观影

画廊　　　　　辩论　　　　　音乐

[实例分析

[可能的组合模式 COMBINATION]

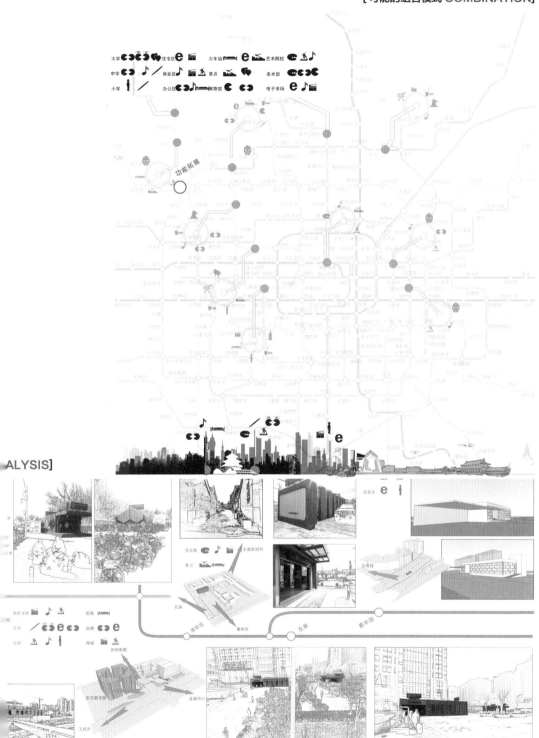

大学 住宅区 火车站 艺术院校
中学 商业区 景点 美术馆
小学 办公区 博物馆 电子市场

功能拓展

ALYSIS]

住住区
文化街 五道营胡同
景点 太庙城
孔庙

电影学院 医院
大学 金融 颐和园 爱知宫 东售 青年路
公街 商城
协和医院
东方斯天地
金融中心
王府井

[空间生成 SPACE]

楼梯座位书店依托的载体，根据书店需求划分为不同尺度，同时满足上下楼梯的走人需要，以及取阅书籍、翻看书籍等等各种活动的空间需求。因此根据人体尺度将每步台阶分为走人台阶和坐人台阶，二者交错布置。

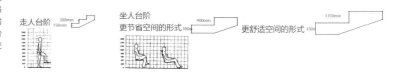

走人台阶

坐人台阶
更节省空间的形式

更舒适空间的形式

剖面

平面

在坐人台阶的某些部分，根据需要设置更为舒适的木质座位。座位依据人体尺度，以 600 为基本单位，分为单人座位和双人座位。

单人座位
双人座位

人流引导

因为楼梯走向的缘故，地铁站入口势必与书店入口处于相反方向。

解决方式

1. 地铁站在侧向开出入口
2. 在于地铁站同侧的位置设置书店次入口
3. 利用书店向外开放的报刊亭吸引人流
4. 立面书墙指示作用

地铁站入口
书墙
地铁站入口

地铁站入口分析

平面层次
与摊化相连结

独立出入口

建筑外

建筑内

1-报刊亭

2-翻看

3-活动

4-阅读

[立面生成 FACADE]

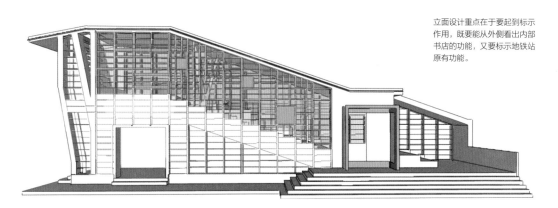

立面设计重点在于要起到标示作用，既要能从外侧看出内部书店的功能，又要标示地铁站原有功能。

[书架构造 CONSTRUCTION]

立面形式：为了起到引导人流及标示功能的作用，立面采用网格状书架的形式。

基本尺寸：基本单元格900mm×300mm。墙的镂空书架部分高3000mm。

摆放方式：书脊向内，便于读者取阅。书页向外，形成立面形式。

遵循台阶走向，进行变形

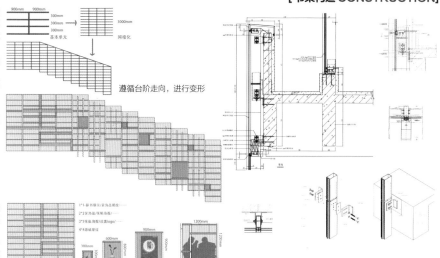

立面标示：根据楼梯走向，在横隔板上增加颜色标示。

标示颜色：与该站所在的地铁线路的表示颜色保持一致。同时能起到标示地铁线的作用。

立面变化：繁体"書"字表示功能。不同大小的方格展示架/座位等。

因为里面采用书架的形式，主要考虑外墙上的书籍避免受太阳直射。

将书架横隔板挑出，玻璃嵌在两块横隔板之间，在横隔板下形成阴影区。

4×4方格内部起坐人的作用。

为了保证阅读的舒适性，在这个区域增加私密度。方式是改变书架隔板的形状，在方格周边组成半球形的挡板，则半球形内部即为一个独立的阅读区域。

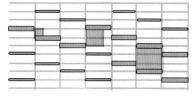

[设计实例 CASE DESIGN]

案例圆明园地铁站

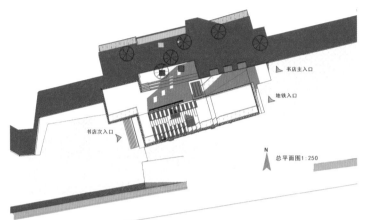

书店主入口

地铁入口

书店次入口

N 总平面图1:250

总平面图

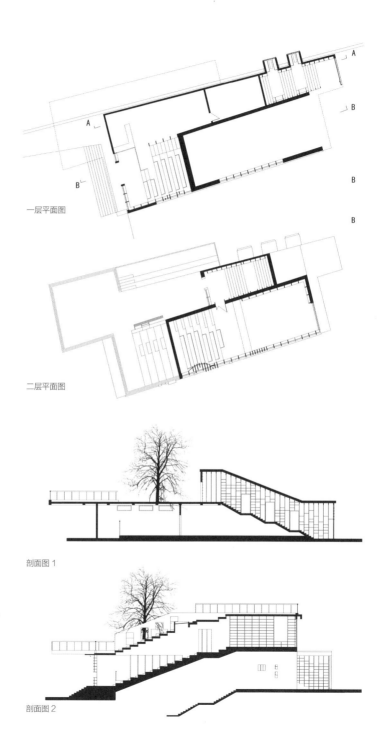

一层平面图

二层平面图

剖面图 1

剖面图 2

环境效果图

[学生感想 STUDENTS' FEEDBACK]

"类型北京"这个题目比较开放，可以从功能入手，可以从空间入手，探索未来城市空间的可能。我们小组希望能在实现两种功能结合情境下，空间"合适"地匹配，以此为出发点，进行反反复复的探索与试验。最后聚焦在楼梯这一常见、传统且功能单一的空间形式上。希望探索"楼梯之上，楼梯之下"可能发生的城市活动。地铁入口的楼梯是城市中形式单一，布点规律，公共性强的典型，结合当今纸质书本面临的危机，传统图书馆面临的挑战，以及现有的一些书吧、图书馆采用阶梯型空间形式的案例，以流动图书馆与地铁站点的结合，实现"下行地铁，上行书吧"的空间组合。在 bookssss 的概念框架下，设计典型的单元体空间模式，结合地铁线路构建城市范围内的网络结构，然后以特定站点圆明园站等，实现模式在不同地段的具体变形。

本身 bookssss 这个想法具有一定的未来性，不以解决实际问题为主，而是以构想未来生活及设计特定空间形式为主。所以这和传统的任务书设计有很大区别，需要自己发现问题、构建逻辑、解决问题，这也是题目的难点和亮点。虽然课程形式有了很大的区别，但还是要充分探讨"形式"与"功能"两者之间的关系，我们是在已有的空间形式下，再探讨"功能"或者"功能结合"的可能性，答案不唯一，bookssss 只是一种可能。

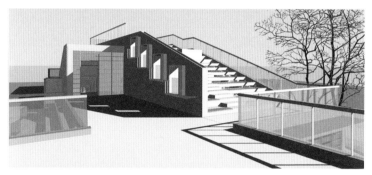

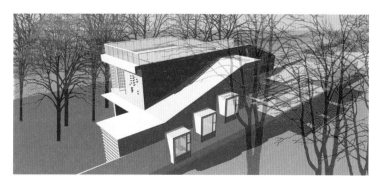

17
围城　WALL BLOCK

方案设计：党雨田　谢殷睿
指导教师：韦诗誉
完成时间：2013

[概念综述　CONCEPT]

"围城"这个方案是试图以"院"为原型，以"墙"为手段构造一组功能完备的建筑组群。设计的灵感来源于对中国传统合院式建筑乃至整个城市空间的一点思考。

起初我们着眼于北京城内大大小小的"围墙"，希望把围墙从一种封闭性构筑物改造为一种交互性构筑物，使其活化。后来我们试图设想一座由"墙"构成的城。

在单体方面，我们以四合院为基本原型，以墙为依托，构建了几类由墙衍生而成的合院式建筑单体，内容涵盖居住、商业、行政和公共绿地等。我们充分探索了"墙生建筑"的几种可能性。同时在最终布局上也借鉴了《周礼·考工记》中的都城布局。

The program "Wall City" is trying to construct a full-featured cluster of buildings with the prototype of "courtyards" and the means of "walls". The design inspiration comes from the thinking about traditional Chinese courtyards and the whole urban space.

At first, we focused on large and small "walls" in Beijing, hoping to transform the walls from closed structures to interactive ones and activate them. Then we tried to imagine a city constituted by the "walls".

As for a single building, we built several courtyard-style buildings that are derived from walls, with the basic prototype of courtyards and the mainstay of walls. The buildings cover residential, commercial, administrative and public green areas and so on. We fully explored possibilities of "wall-derived architecture" and use the capital layout in the Rites of Zhou on the final layout as reference at the same time.

围城　WALL BLOCK

尽管在当代城市设计理论与方法中，关于"开放空间""街道生活"等观念已经在纸面上深入人心。然而在现实生活中，那些源自于中国"里坊""合院"原型的封闭社区和围合居住的思想依然如此根深蒂固，许多学者开始重新思考其中中国建筑及其居住文化的基本内核所在，朱文一教授在其《空间·符号·城市》中就关于此提出过"墙套墙－院套院"的原型。

本设计正是基于以上的社会现实与文化思考，探索提出的一个概念性围合居住社区或者小城，其中包含居住、商业、教育、服务、公园等同样是围合式的功能单元。作者也重新审视思考了墙的"围"与"放"的多种可能。尽管在最后的形态和细节上还是出现了不少无关的形式借鉴，但总体而言设计还是较好地体现了基于研究与原创性思考的生成过程。当然在具体的城市功能配比、城市交通流线组织等方面还有在未来持续学习提高的空间。

张悦

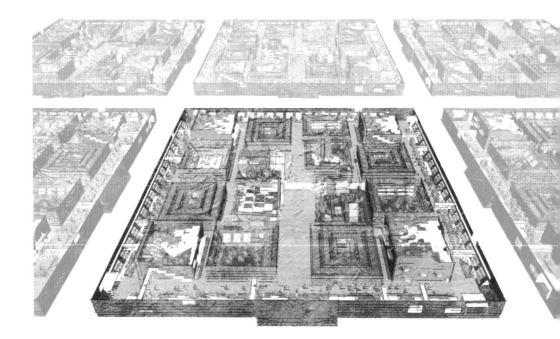

[概念生成 CONCEPT]

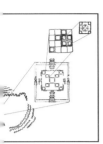

中国传统城市空间的基本构成单元是"边界原型"。简单来说，边界原型指的就是由墙围成的院子。在中国城市中，建筑单体是不能单独存在的，而完全依赖于边界原型。"边界原型"建立在领域空间的基础上。它强调边界的实体性和连续性。即内外分隔性和内向性。

自古以来，中国的居住活动空间就发生在街道和庭院而不是广场上。街道和庭院本质上是墙的内外。交往的前提是提供活动的场所。耕地、麦场、小卖部、菜园是生产活动场所，也是交往的场所。
当公共空间和私密空间交汇的时候，就产生了活动。

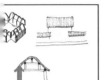

边界原型突出墙的作用，也就是说，建筑单体与墙是"同构"的，建筑是"墙"的放大与延伸。同理，墙是建筑的弱化和变形。
四合院：院墙，没有空间，却有两坡屋顶。把"墙"视为二维化的建筑。
园林：内墙处理成漏、透的形式，极力弱化园林内部的墙体。一个极端是廊和亭，它们被简化为只剩下柱子。

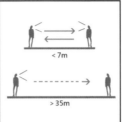

人类的知觉及其感知的方式影响了街道的长度和宽度。
听觉：
在 7m 以内进行交谈没有什么困难。大约在 30m 的距离，仍可以听清楚演讲，但已不可能进行实际的交谈。超过 35m 倾听别人的能力就降低了。很难听清他在喊些什么。

长城

从"长城"到"院墙"所显示出的中国城市空间等级化趋势。

城墙 宫 院 墙 墙

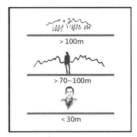

视觉：
在 0.5 ~ 1km 的距离之内，人们可以看见和分辨出人群。
在 70 ~ 100m 远处，就可以确认一个人的性别、大概的年龄以及这个人在干什么。
在大约 30m 远处，面部特征、发型和年纪都能看到。当距离缩小到 20 ~ 25m，大多数人能看别人的表情与心绪。

THICKNESS

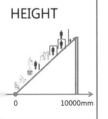

6000mm

从"厚度"的维度探究了不同厚度墙体能够产生的功能和激发的活动。
不同的人的活动行为决定所需空间和墙体的尺度，产生不同的功能，适用于不同的边界、区域交界处和街道围合界面。

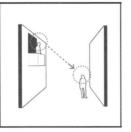

基于人的知觉分析，街道的合适宽度为 15m 左右。行进在路中央的人可以清晰听到来自两侧的语言并看到路两侧人的面部表情，有利于加强墙与墙之间空间的交流和活化。
每个建筑单体拟采用 50m 见方的尺度，利于内院中人的交流，同时保证每个单体的半私密性。

HEIGHT

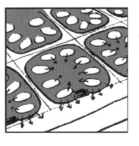

0   10000mm

从"高度"的维度探究了不同高度的墙体对人的行为和心理的影响。

物质结构，也就是建筑的规划布局，在视觉上和功能上要支持住宅区内理想的社会结构。
从私密到公共的清晰分级加强了自然监视，有利于居民形成归属感。
明确的划分，从私密到公共的和缓过渡，保证了私密和公共的双向要求。

[围城空间类型 PROTOTYPE]

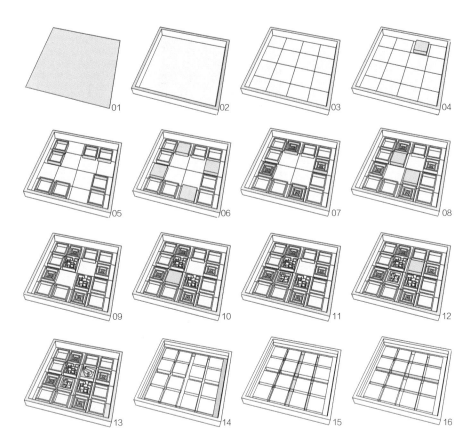

01 原始场所
02 筑墙成城
03 划地而治
04 近墙而居
05 围院而居
06 居间建市
07 沿墙设铺
08 中心绿地
09 断壁残垣
10 学校大院
11 有无之间
12 活动中心
13 围而聚众
14 车行其外
15 自然为阡
16 市井为陌

[类型组合 COMBINATION]

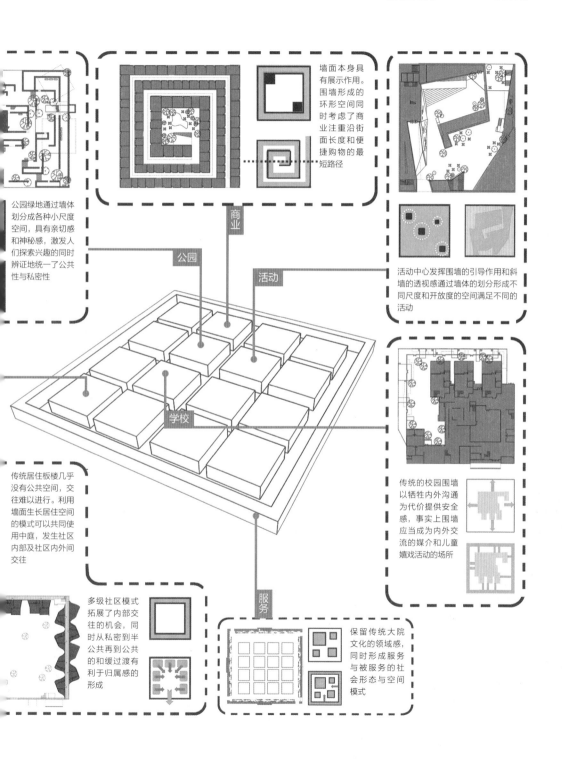

墙面本身具有展示作用。围墙形成的环形空间同时考虑了商业注重沿街面长度和便捷购物的最短路径

公园绿地通过墙体划分成各种小尺度空间,具有亲切感和神秘感,激发人们探索兴趣的同时辩证地统一了公共性与私密性

商业

公园

活动

活动中心发挥围墙的引导作用和斜墙的透视感通过墙体的划分形成不同尺度和开放度的空间满足不同的活动

学校

传统居住板楼几乎没有公共空间,交往难以进行。利用墙面生长居住空间的模式可以共同使用中庭,发生社区内部及社区内外间交往

传统的校园围墙以牺牲内外沟通为代价提供安全感,事实上围墙应当成为内外交流的媒介和儿童嬉戏活动的场所

多级社区模式拓展了内部交往的机会,同时从私密到半公共再到公共的和缓过渡有利于归属感的形成

服务

保留传统大院文化的领域感,同时形成服务与被服务的社会形态与空间模式

剖面图

[类型平面 PLAN]

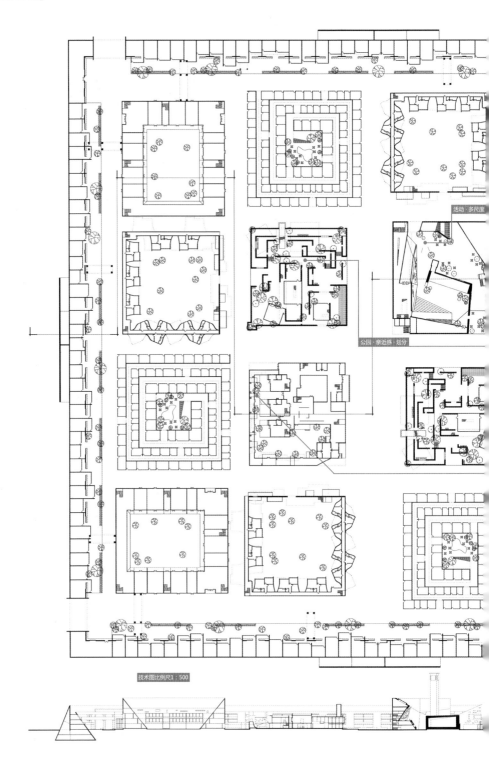

活动·多尺度

公园·亲近感·划分

技术图比例尺1：500

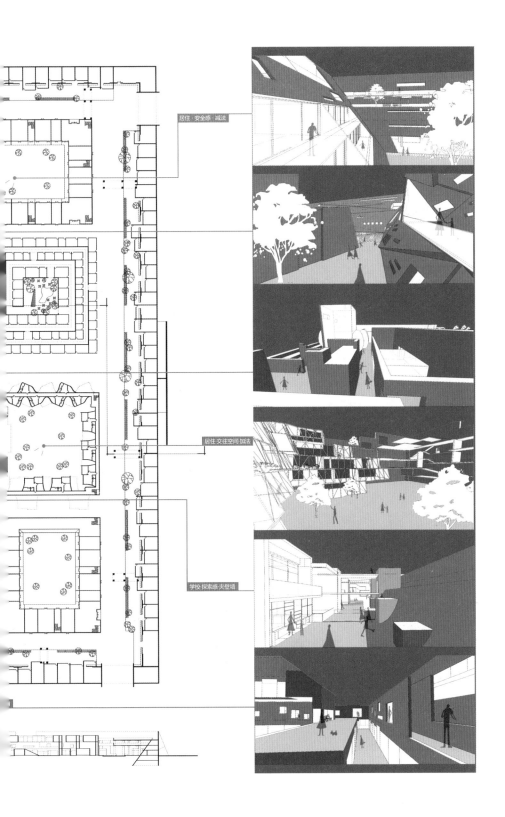

居住：安全感：减法

居住：交往空间：加法

学校：探索感：夹壁墙

[物质结构 STRUCTURE]

图为"围墙建筑"的一种生成逻辑。一般来说建筑与围墙互相脱开，互不两立。围墙与现有大体量建筑形式隔绝了社区交往的可能性。我们首先将建筑切分成许多体量适宜的小块，接着将其打乱拆分，嵌入围墙之中。如此一来建筑大体量带来的隔绝和封闭性得到一定缓解，而围墙在阻隔特性没有被破坏的前提下融入了交往的生机。

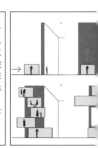

图为基于交往空间理论由墙做加法生成的建筑，其生成模式为墙加建筑，创造出不同高度的活动平台，为居民的视线和声音交流提供了可能性。

居民利用墙视线交流，依托墙实现三维的交通和视角观察城市，市民生活将得到极大地丰富。

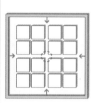

社区内的道路亦采根据分级制度分配不同的功能。最外圈为车行道，在内部；三条纵向道路（南北向）为商业街，满足居民日常生活交往的需求；三条横向道路（东西向）为绿化道路，满足居民休闲娱乐的需求。

[学生感想]

起初我们在选题时，较为关注"类型北京"中的类型学，着眼于北京城内大大小小的"围墙"。然而，在后来的设计进程中发现，这一课题相对浅薄，继续研究下去的深度和广度都有限，因而决定另辟蹊径。拜读了朱文一老师的《空间·符号·城市》之后，大受启发，书中认为中国传统城市空间的基本单位是"院"，而建筑则衍生于围成院子的"墙"，因而我们试图转而设想一座由"墙"构成的城。

在建筑与街道的关系上，也力求二者发生有限的对话，使墙在起到分隔内外的功能的同时，也对街道做出一定的表情。

在总体布局方面，我们本来打算将其定位成一座实验性城市，也考察了中外近现代一些理想城市的构想方案，希望向霍华德和柯布西耶等大师致敬。同时在最终布局上也借鉴了《周礼·考工记》中的都城布局。不过由于课程设计时间精力有限，同时鉴于笔者阅历和经验不足，而以城市之复杂，想要完整地考虑到一座城市的方方面面几乎是不可能的，因而我们对其的定位更像一个小型的"试验性住区"。

现在重新审视这一方案，当时为了效果的震撼，在整体布局上过于单调甚至有些法西斯了，事实上单体之间的组合可以更加灵活一些，单体建筑的类型数也远不止这么少。不过，通过这个方案，我们对"墙""院"这两个构件或原型作了大量的探讨，同时也对中国传统城市空间有了更加深刻的认识，前者对应"类型"，后者对应"北京"，可谓完美对应了"类型北京"这一课题。

附录：类型北京作品名单

2006

互动设计	阮昊 / 傅平川	单军
方便北京	翟文思 / 郑秀姬	单军
商业街密度实验	杨松 / 蒙宇婧	单军
院子 圈子	钟乐 / 明英男	单军
血拼部落格	司马蕾 / 袁甲辛	单军
虫虫公社	陈华 / 李宁	程晓青
生死之间	陈婷 / 万静雅	程晓青
妇逛夫随	高达 / 扬觅	程晓青
迷笛音乐公园	魏刚 / 曾荷霜	程晓青
午睡空间	张婷 / 王宏亮	程晓青
60'Up 06'Down	王姗 / 刘立早	程晓喜
Newtype Bus Stop System	郎希 / 覃清硖	程晓喜
Vertical Park	张若曦 / 杨阳 / 孙铎魁	程晓喜
北京桥景	倪才华 / 李瑶	程晓喜
车行天下	沈华 / 戴振	程晓喜

2007

信息奥运	张硕 / 谢智瀚	单军
单身乌托邦	夏超然 / 戴天行	单军
宝宝寄存中心	季婉婧 / 王悦	单军
小学生活动场所探寻	沈勤雯 / 陈晓娟	单军
动物园购物类型设计	钱程远	单军
影吧设计	柳文傲 / 尹璐	程晓青
爱情北京	郭璐 / 蒲洁宇	程晓青
心之驿	解丹 / 林天鹏	程晓青
宠物会所设计	吉山淳子 / 白栋	程晓青
民工子弟小学设计	闫晋波 / 郝石盟	程晓青
学生宿舍设计	邓一泓 / 戚征东	黄文菁
胡同里的戏剧人	李振涛 / 龚树节	黄文菁
Shopping Park	刘垚森 / 白皓	黄文菁
桥 - 复合 - 体验	马丽 / 秦啸	黄文菁
折叠式商业单元设计	王妍 / 张蕊	黄文菁

2008

单车玩北京	巨青 / 倪黎燕	单军
寄生胡同	郭一茫 / 张婷	单军
书园	钱晓庆 / 陈晓兰	单军
为 65 岁 + 服务的超市	王丽莹 / 彭飞	单军
粉红北京	李杨 / 李奇文 / 万君哲	程晓青
什刹海 24 小时四合院	王宁 / 许晖	程晓青
古董花园	黄宇驾 / 魏星汉	程晓青
后 08/80 后	安晨 / 张隽岑	程晓青
运动加餐	王美旋 / 张章	程晓青
TNA=TRADING NEEDS ANIMATION MALL+GYM	李子菲 / 戎筱	黄文菁
全天候学生智能服务中心	朱惠斌 / 唐晓虎	黄文菁
平改坡带来的新生活 - 老屋顶上的青年人租房社区	林婧怡 / 李广龙	黄文菁
双城记	司志杰 / 佟磊	黄文菁

2009

绿环	陈茸 / 张健新	单军
Advertice in Beijing	王朗 / 李威	单军
垂直极限之竖向商业设计	康茜 / 王宇婧	单军
Combinational Courtyard	于梦瑶 / 王焓	单军
迷宫北京	陈瞰 / 陈静雅	程晓青
楼外楼里	孔君涛 / 顾志琦	程晓青
定位	李若星 / 王钰	程晓青
折叠城市	孙晨光 / 刘伦	程晓青
京剧北京	李永华 / 王其光 / 贺苑	吴艳
中式婚礼餐厅设计	周林 / 李瑜	吴艳
合 · 租 · 住	谭颖 / 符传庆	吴艳
灰带营造	王海韵 / 李屹华	吴艳

2010

看吧	陈杨 / 宋婧婷 / 王雪吟然	单军
填补 @ 北京旧城	王旸 / 杨君然	单军
书影 · 行走	徐瑾 / 褚英男	单军
印 · 记	宋科 / 蒲肖依 / 张琛	单军
横看北京	任萌 / 万涛	单军
颓废 @ 北京	李小龙 / 王弘轩	程晓青
"借光" @ 北京	邓博文 / 李文玲	程晓青
灰线	刘隽瑶 / 韦诗誉	程晓青
X · 北京	成心宁 / 雷思雨	程晓青
布景 · 情节	徐春晓 / 赵秀芳	张悦
北京顶	尹星 / 黄逸中	张悦
大城小站	张晓川 / 尹泓元	张悦
镜像北京	宋壮壮 / 曹梦醒	张悦
叠合立面 – 清华大学建筑系馆立面改造	王健 / 王如昀	张悦

2011

Cafellary	夏梦晨 / 张亦驰	单军
阳光下 – 服刑人员子女收养中心设计	黄琦 / 刘盾	单军
曾忆否	杨柳青 / 宋宁	单军
2011 北京	张博 / 马欣然	单军
食来食往	姜文婷 / 张丙生	程晓青
围城北京	柯珂 / 赵文宁	程晓青
超越边界	楼吉昊 / 张珊	程晓青
北京不爬楼 – 旧社区加装电梯	廖凌云 / 迪丽娜	程晓青
上城下铁	伍毅敏 / 李明扬	张悦
水塔	郑旭航 / 余地	张悦
二元北京	沙子岩 / 张博远	张悦
昆玉北京	林明信 / 张旭	张悦
院宅院宅 – 宋庄艺术家村设计	刘己舟 / 赵东旭	张悦
TRIGROUND	刘晓阳 / 邢腾	罗晶
废墟北京	茹笑岚 / 王逸凡	罗晶
魔方报亭	康博雅 / 刘明轩	罗晶
粉红聚落	黄华青 / 范司琪	罗晶

2012

阶连 · 北京	张思摇 / 王霁霄	单军
SQU-AGE	郁颖姝 / 崔健	单军
Campus Wall	吴俊妲 / 李玫蓉	单军
迷宫北京	许芷瑄 / 隋雁云	单军
轨迹 · 北京	刘仁皓 / 张博雅	单军
中间 · 北京	闵嘉剑 / 高若飞 / 连晓刚	单军
逝水 · 北京	王吉力 / 陈也	程晓青
PEKING-PARKING	王抒 / 廖新龙	程晓青
10 分钟北京	杨心慧 / 熊哲昆 / 刘芳铄	程晓青
寻找 · 王府井	王暮阁 / 敖然	程晓青
漫步 · 北京	杨绿野 / 司徒颖蕙	程晓青
"天桥"北京	卜倩 / 金命载	程晓青
留声	吉亚君 / 李晨星	张悦
共栖－北京鼠族人群城市微型住宅设计	李清纯 / 李昂扬	张悦
TIDE · Beijing	张鑫 / 魏炜嘉	张悦
艺术大杂院	代羽萍 / 李芸芸	张悦
北京文人故事	陈飞 / 张雨婷	张悦
打开围墙	蔡澄 / 殷婷云	张悦
城中旧市	蒋紫琪 / 盖若玫	周婷
边界 · 北京	叶亚乐 / 金柔辰	周婷
速度 · 北京	张璐 / 刘梦实	周婷
织锦 · 北京	石坚伟 / 伍一	周婷
屋檐 · 北京	顾湾湾 / 谢梦雅	周婷

2013

衣栈	高菁辰 / 张晗悠	单军
半公社	仇沛然 / 刘群	单军
桥 · 交流 · 北京	王建南 / 李浩然 / 黄若成	单军
变奏北京	王子健 / 吴晓涵	单军
书盒	杨天宇 / 郭嘉	单军
非常办公	祝豪樱 / 陆滢秀	单军
田 · 市	叶晶 / 向上 / 陈瑗	程晓青
轻轨桥下	程思佳 / 厉奇宇	程晓青
缝缝北京	陈茜 / 孙雪琪	程晓青
地铁书站	韩冰 / 邓阳雪	程晓青
穿越北京	韩靖北 / 李冬	程晓青
围城北京	张璐 / 南天	韦诗誉
围城	党雨田 / 谢殷睿	韦诗誉
便利北京	张昫晨 / 张晨阳	韦诗誉
街园	石鑫 / 时志远	韦诗誉
收养北京	周晖 / 吴俐颖	
Cycle Park	尹子潇 / 吴洁琳	

致　　谢

首先，感谢自 2003 年清华大学设计系列课程改革以来参与"类型北京"课程研究的所有选课同学，正是他们在教学过程中热情的投入和执着的探索，使本书得以呈现。他们如今也已经或者即将带着课程中的种种收获与思考走向社会，去迎接当今剧变的城市和生活所带来的真正挑战。

同样，感谢 12 年来除本书编者以外所有参与"类型北京"的任课教师——开放建筑的黄文菁女士，清华大学的程晓喜、范路和陈宇琳老师，以及助教博士生吴艳、程晓曦、周婷、罗晶。感谢大家在每一年教学准备中的充分研讨、在每一节课堂上的精心教授！此外，还要感谢 12 年来参与过"类型北京"教学评议的所有专家嘉宾——北京市建筑设计研究院马国馨院士先生、朱小地先生，中国建筑设计研究院崔愷先生、李兴钢先生，中国科学院建筑设计研究院崔彤先生，齐欣国际建筑事务所齐欣先生，都市实践建筑事务所王辉先生，朱锫建筑事务所朱锫先生，北京电影学院宿志刚教授，清华大学新闻学院尹弘教授、社会学系沈原教授、建筑学院秦佑国教授、左川教授、栗德祥教授、庄惟敏教授、朱文一教授、张杰教授等。感谢他们在评议过程中给予师生教学组的珍贵的批评与建议。

最后，要感谢清华大学建筑学院研究生高菁辰、张晗悠同学负责全书的统稿改稿工作，以及博士生韦诗誉、杜頔康同学进行版面设计。感谢为本书出版做出辛勤贡献的清华大学出版社的各位编辑，在你们的帮助下我们的作品才能够顺利出版。

指导教师：

单军　　　　　程晓青　　　　　张悦　　　　　　黄文菁　　　　　韦诗誉

程晓喜　　　　　吴艳　　　　　　罗晶　　　　　　周婷